Life rubbish Vocabulary Manual

生活垃圾词汇手册

王维平　李 颖　张红樱◎主编

中国财富出版社

图书在版编目（CIP）数据

生活垃圾词汇手册／王维平，李颖，张红樱主编．—北京：中国财富出版社，2015.9

ISBN 978-7-5047-5851-4

Ⅰ．①生…　Ⅱ．①王…　②李…　③张…　Ⅲ．①生活废物—词汇—手册　Ⅳ．①X799.3-61

中国版本图书馆CIP数据核字（2015）第201587号

策划编辑　张彩霞　　**责任编辑**　王　琳　刘瑞彩

责任印制　方朋远　　**责任校对**　杨小静　　**责任发行**　邢小波

出版发行　中国财富出版社

社　　址　北京市丰台区南四环西路188号5区20楼　　**邮政编码**　100070

电　　话　010-52227568（发行部）　　010-52227588转307（总编室）

　　　　　　010-68589540（读者服务部）　　010-52227588转305（质检部）

网　　址　http://www.cfpress.com.cn

经　　销　新华书店

印　　刷　北京京都六环印刷厂

书　　号　ISBN 978-7-5047-5851-4/X·0015

开　　本　880mm×1230mm　1/32　　**版　　次**　2015年9月第1版

印　　张　5.125　　**印　　次**　2015年9月第1次印刷

字　　数　133千字　　**定　　价**　16.00元

规范生活垃圾专业词汇意义重大
（代序）

王维平

生活垃圾专业词汇规范使用是发展中国生活垃圾治理产业的基础。生活垃圾专业词汇规范使用的研究工作，是一项必须先于生活垃圾回收、生活垃圾处理的基础性研究工作，是中国生活垃圾治理产业健康、可持续发展的基石。采用规范化、标准化的生活垃圾专业词汇，一方面有利于中国生活垃圾治理产业严格按照标准，针对不同生活垃圾的性质，制定规范化的生活垃圾回收、治理流程和设施、设备，尽量减少生活垃圾填埋占地，减少生活垃圾焚烧污染环境，提升垃圾再利用率，发展我国低碳生态循环经济；另一方面有利于引导和鼓励国内各行各业选择低碳、生态、可循环的生活方式，这样不仅便于国内企业减少生产成本，而且便于中国生活垃圾治理企业提高生活垃圾回收与处理效率。

生活垃圾专业词汇规范使用是培养中国生活垃圾治理人才的基础。例如，在生活垃圾处理与处置中，处理是指达到相应规范和标准的预处理、焚烧、堆肥、热解等具体的垃圾处理方式，而处置是处理和放置的统称，包括正规和非正规方式。由于我国各城市对生活垃圾专业词汇使用不规范，对生活垃圾分类、收集、处理处置都产生了不良的负面效应。生活垃圾治理人才必须学习规范使用生活垃圾专业词汇，它属于必须掌握的专业基础知识，是深入学习生活垃圾治理知识的基础，是未来研究和发展我国垃圾治理理论和技术装备的保证。但这些都需要有一个前提，那就是我国拥有规范使用生活垃圾专业词汇的标准。

生活垃圾专业词汇规范使用是研究中国生活垃圾治理理论的基础。依据我国《固体废物污染环境防治法》的规定，生活垃圾处理的目标与原则是减量化、资源化、无害化。减量化是通过限制商业包装、净菜进城、旧货交易、减少剩餐等手段，在资源开发、产品生产、商业流通、消费等各个环节中减少垃圾的产生（包括工业废物、商业废物和生活垃圾），这是垃圾理论的首要原则，在实际运行中，就是要减少进入垃圾处理场（厂）的量。资源化是指通过垃圾分类、回收等方式，在垃圾的收集、运输、转运和处理的过程中，将一部分垃圾转化成可再利用的资源。无害化是指通过卫生填埋、生物化学处理、焚烧处理等方式，按照相应的标准处理垃圾，使垃圾对环境的污染最小化和安全化。然而在一些宣传中将这“三化”顺序颠倒，使得生活垃圾治理的意义大相径庭。因此，研究科学理论首先必须明确前提假设，在假设条件下创新研究方法，得到的研究结果才具有指导意义。特别是在中国生活垃圾治理理论的研究领域中，其前提假设就是生活垃圾专业词汇的规范使用，只有这样所有研究人员的出发点与研究范围才会一致，所得出的研究成果才会具有普遍性和互通性的指导意义，才会更好地为中国生活垃圾治理事业服务，为改善人类生活、生存环境服务。

生活垃圾专业词汇规范使用是中国生活垃圾治理理论与国际接轨的基础。目前，我国生活垃圾专业词汇的翻译尚未有统一的版本，造成这种情况的原因有：各翻译机构水平参差不齐，相关翻译人员没有环境方面的背景知识，对专业词汇的翻译采用直译或意译的方式，而没有使用生活垃圾中的专业词汇；缺乏准确性和特指性，甚至造成理解上的混乱。有关部门尚未对生活垃圾的翻译做出统一的规定，这也在一定程度上造成了生活垃圾专业词汇使用的混乱。上述这种情况也曾导致国外的垃

圾处理规范和技术引入国内而无法解释的状况。故生活垃圾专业词汇的规范使用，有助于我们更好地与国外先进的垃圾管理技术和管理标准相结合。特别是引进和使用国外的技术设备时，避免造成损失和误解。

生活垃圾专业词汇规范使用是中国生活垃圾治理理论民主化、大众化、普及化所需。目前，我国专业词汇的普及率较低，普通民众对专业词汇没有一定的认识，这就造成了在生活垃圾收集和处理的过程中产生一系列的问题。以生活垃圾分类为例，生活垃圾一般可分为四类：可回收垃圾、厨余垃圾、有毒有害垃圾和其他垃圾。生活垃圾分类早在2000年就开始在北京、上海、南京等一些城市试点推行，但是由于宣传不到位，大多数居民对生活垃圾分类仍然只有模糊意识，要具体做到垃圾准确分类仍然存在问题。据调查，六成居民不能做到生活垃圾分类，五成居民不清楚生活垃圾如何分类。可见大部分居民对生活垃圾如何分类不甚清晰。此外，很多人群对可回收垃圾认识不完全，只知道废旧电池、日光灯管等属于危险废物，对哪些垃圾收集装置对应哪种垃圾混淆不清。上述现象均是居民对生活垃圾专业词汇不甚了解或理解不清楚所导致的。相反，若是居民对可回收垃圾、厨余垃圾、有毒有害垃圾和其他垃圾有明确的认识，生活垃圾的分类将会顺利地开展。因此，生活垃圾专业术语使用的规范化不仅是科学研究的基础，也是推进生活垃圾问题解决的一个重要因素，生活垃圾专业词汇的规范编制意义深远而重大。

总之，生活垃圾治理问题涉及范围广，属交叉学科，在垃圾分类、垃圾回收、垃圾治理（包括立法）的实际应用中，从事管理、科研、教学、生产的人员都面临概念清晰、用语准确、评价科学等问题，规范使用生活垃圾专业词汇是垃圾治理社会化、产业化发展非常需要的。《生活垃圾词汇手册》是生活垃圾治理领域首次进行的概念规范研究，具有基础性、广泛性、科学性、实用性，一方面可以完善垃圾治理理论体系，为日后学科发展奠定一个良好的基础，避免出现混乱、误解；另一方面，在国际上，20世纪70年代就已经着手做此项工作了，目前国内刚刚起步，还没有这方面的系统研究，本书将填补国内理论研究领域的空白，有利于加强与国际领域的交流与合作。同时要说明，本书是该领域的起步和基础研究成果，有赖日后进一步丰富完善，或许也存在不准确、疏漏和争议之处，恳望批评指正和支持该项工作的开展。

（作者系著名垃圾处理对策专家，国家环境特约监察员，北京市人民政府参事，北京市第十二、第十三、第十四届人大代表。）

前言

近年来，随着我国经济实力不断增强，居民生活水平日益提高，社会公众对环境质量的要求也越来越高，垃圾问题所引起的关注力度在持续扩大，并不断被国务院各相关部委以及地方政府列入重要议题。2011 年 4 月，国务院批转住房城乡建设部等部门《关于进一步加强城市生活垃圾处理工作的意见》就是一个很典型的体现。事实上，有关垃圾问题的立法、政策标准和监管机制都在紧锣密鼓地论证、推进和实施，而与之相关的技术研发、政策执行和工程建设也在加快落实。但不容忽视的是，我国在垃圾基础理论方面的准备并不充分，特别是对生活垃圾专用词汇、用语使用不够统一和规范，极大地限制和约束了环卫行业的实际工作效果以及垃圾处理产业的发展。故为解决此问题，我们开展了《生活垃圾词汇手册》的编制，并努力使该手册成为培养我国生活垃圾治理人才系统化学习的教材和生活垃圾治理理论民主化、大众化、普及化的读本。

《生活垃圾词汇手册》是在北京市市政市容管理委员会和辞书专家的指导下，在北京建筑大学学科建设与研究生教育专项经费资助下，由北京市市政市容管理委员会固废处和北京建筑大学教师共同完成。该词汇手册涉及了生活垃圾的基本词汇、管理词汇、收运词汇和处理词汇等方面的内容。参加编写的成员有王维平、张红樱、李颖、李彦富、董卫江、李盼盼、赵泉宇、王碧君、张璇、吴菁、岳娇、王龙。本书由徐海云、李志江、李慧智审核。书中难免有疏漏与不足之处，敬请专家与读者批评指正！

编　者

2015 年 8 月

目　录

垃圾基础篇

垃圾管理篇

垃圾收运篇

垃圾处理篇

垃圾基础篇

1. 垃圾

在生产建设、日常生活和其他活动中产生的污染环境的固态、半固态废弃物质的通俗简称。

2. 生活垃圾

在日常生活中或者为日常生活提供服务的活动中产生的固体废物以及法律、行政法规规定视为生活垃圾的固体废物。它包括城市生活垃圾和农村生活垃圾等。城市生活垃圾应当按照环境卫生行政主管部门的规定，在指定的地点放置，不得随意倾倒、抛撒或者堆放。农村生活垃圾污染环境防治的具体办法，由地方性法规规定。

3. 城市生活垃圾

城市居民在日常生活中或者为日常生活提供服务的活动中产生的固体废物以及法律、行政法规规定视为生活垃圾的固体废物。它包括居民生活垃圾、园林废物、机关单位排放的办公垃圾等。主要来源于居民生活家庭、城市商业、建筑业、餐饮业、旅馆业、旅游业、服务业、市政环卫业、交通运输业、文教卫生业和行政事业单位、工业企业单位、水处理厂和其他零散垃圾等。在实际收集到的城市生活垃圾中，可能还包括一部分中、小型企业产生的工业固体废物和少量危险废物（如废打火机、废油漆、废电池、废日光灯管等），由于后者具有潜在危害，需要在相应的法规特别是管理工作中，逐步制定和采取有效措施对其进行分类收集和进行适当的处理处置。

4. 工业固体废物

各种工业、企业、交通等部门在生产过程中产生的固体废物。工业固体废物按行业主要包括以下几类：冶金工业固体废物；能源工业固体废物；石油化学工业固体废物；矿业固体废物；其他工业固体废物。有些国家将废矿石和尾矿单独列为矿山废物，而我国《中华人民共和国固体废物污染环境防治办法》（简称《固废法》）中规定："露天贮存冶炼渣、化工渣、燃烧灰渣、废矿石、尾矿和其他工业固体废物，应当设置专用的贮存设施、场所。"可见，法律法规已明确将废矿石和尾矿纳入工业固体废物类加以管理。工业固体废物也可按照其危害性分为一般工业废物（如高炉渣、钢渣、赤泥、有色金属渣、粉煤灰、煤渣、硫酸渣、废石膏、盐泥等）和工业有害固体废物（氟、汞、砷、铬、铅、氰等及其化合物和酚、放射性物质等）。

5. 危险废物

列入国家危险废物名录或者根据国家规定的危险废物鉴别标准和鉴别方法认定的具有危险特性的废物。危险废物主要来自于核工业、化学工业、医疗单位、科研单位等。其特性主要有急性毒性、易燃性、反应性、腐蚀性、浸出毒性和疾病传染性等。根据这些性质，各国均制定了自己的鉴别标准和危险废物名录。联合国环境规划署《控制危险废物越境转移及其处置巴塞尔公约》列出了"应加控制的废物类别"共45类，"须加特别考虑的废物类别"共2类。我国制定有《国家危险品名录》和《危险废物鉴别标准》。

6. 农业固体废物

农业生产、农产品加工、畜禽养殖业和农村居民生活排放的废弃物的总称。农业固体废物主要来自于植物种植业、农副产品加工业和动物养殖业以及农村居民生活所产生的废物。按其来源分为：农田和果园残留物，如秸秆、残株、杂草、落叶、果实外壳、藤蔓、树枝和其他废物；农产品加工废弃物；牲畜和家禽粪便以及栏圈铺垫物；人粪尿以及生活废弃物。常见的农业固体废物有稻草、麦秸、玉米秸、稻壳、根茎、落叶、果皮、果核、羽毛、皮毛、禽畜粪便、死禽死畜、农村生活垃圾等。我们要对农业固体废物进行综合利用；不能利用的，按照国家有关环境保护规定收集、贮存、处置，防止污染环境。

7. 放射性废物

放射性核素含量超过国家规定限值的固体、液体和气体废物。从处理和处置的角度，按比活度和半衰期将放射性废物分为高放长寿命、中放长寿命、低放长寿命、中放短寿命和低放短寿命五类。对于低、中水平放射性固体废物在符合国家规定的区域实行近地表处置。高水平放射性固体废物和 α 放射性固体废物实行集中的深地质处置。禁止在内河水域和海洋上处置放射性固体废物。

8. 灾害性废物

由突发性事件特别是自然灾害（如海啸、地震等）造成的固体废物。它具有产生量不可预见、产生量大、组分特别复杂的特点，若处置不及时会有传播疾病的隐患。

9. 产业废物

各种产业活动所产生的废物。

10. 居民垃圾

居民家庭产生的垃圾。

11. 厨余垃圾

家庭中产生的菜帮菜叶、瓜果皮核、剩菜剩饭、废弃食物等易腐性垃圾的总称。它是居民排放的垃圾的主要成分，也是有机垃圾的一种。它主要包括菜叶、剩菜、剩饭、过期食品、蔬菜、瓜果、皮核、蛋壳、茶渣、榴莲壳、椰子壳、蔗渣、骨头、肉类鱼虾（可含壳）类、螃蟹壳、贝壳以及家庭盆栽废弃的树枝（叶）等。该类垃圾含有极高的水分与有机物，容易腐坏，产生恶臭。

12. 餐厨垃圾

从事餐饮经营活动的企业和机关、部队、学校、企事业等单位集体食堂在食品加工、饮食服务、单位供餐等活动中产生的食物残渣、过期食品、食品加工废料和废弃食用油脂等废物的总称。餐厨垃圾以淀粉类、食物纤维类、动物脂肪类等有机物质为主要成分，即包括米和面粉类食物残余、蔬菜、动植物油、肉骨、鱼刺等。具有含水率高、油脂、盐分含量高、易腐发酵发臭、传播细菌和病毒等特点。从化学组成上，以淀粉、纤维素、蛋白质、脂类和无机盐等为主。特点是粗蛋白和粗纤维等有机物含量较高，开发利用价值较大，但 BOD（生化需氧量）值高，易腐败、发酵并产生恶臭；含水率高，不便收集运输，处理不当容易产生渗沥液等二次污染物；油类和钠盐含量较其他生活垃圾高，对资源化产品品质影响较大。餐厨垃圾中的高油脂含量为此类垃圾的处理处置带来很多麻烦，如油脂发酵极易产生致癌物质黄曲霉素，危害人类健康。

13. 餐饮垃圾

饭店、单位食堂等产生的易腐性垃圾。

14. 商业垃圾

商业活动所产生的垃圾。

15. 有机垃圾

生活垃圾中含有有机物成分的废弃物。它主要包括纸、纤维、竹木、厨余垃圾、动物粪尿、茶叶渣、咖啡渣、各类有机污泥（含食品等污泥）、市场肉品及果菜之下脚料等。对于有机垃圾可采用回收再生利用、焚烧、堆肥和卫生填埋等方法进行处理、处置（纸类回收利用率可达60%以上）。如在有机垃圾加工利用厂被加工成有机肥或有机复合肥，用于绿化或农业施肥的垃圾。有机垃圾产生量约占一般垃圾的1/3，且含水量高（厨余最高含水量约85%以上）。有机垃圾含量的多少是判断垃圾能否采用堆肥处理的依据。我国城市生活垃圾中，有机垃圾平均占60%～70%，且逐年增长，其中废纸和废塑料类增长最快。

16. 无机垃圾

生活垃圾中含有无机成分的废弃物。它主要包括瓶、罐和其他包装用的废金属和废玻璃，废家具、电器、厨具和废车辆中的废金属和废玻璃，一部分燃料废渣、渣土、废混凝土、废砖等。无机垃圾一般是可回收利用的垃圾，是一种再生资源。由于城市的集中供暖供热和煤气化，城市生活垃圾中的无机成分相对减少，各国对于无机垃圾中的有机物资的回收都很重视。

17. 园林垃圾

城市绿化美化和郊区林业抚育、果树修剪作业过程中产生的杂草、树木枝干、落叶、草屑、花败及其他修剪物的废物的总称。在春秋两季，该垃圾占市政垃圾的15%～30%。美国根据EPA的规定，植被覆盖面积小于郡县面积10%的地区，园林垃圾产量为0磅/人/d；大于10%小于50%的地区，园林垃圾产量为0.28磅/人/d；大于50%的地区，园林垃圾产量是0.57磅/人/d。

18. 庭院垃圾

各种绿化场所进行园艺修剪或季节变化产生的落叶、树枝等垃圾。如植物残余、树叶、树枝以及庭院中清扫的其他杂物等。

19. 清扫垃圾

道路、桥梁、隧道、广场、公园及其他向社会开放的公共场所产生的并清扫的垃圾。

20. 街道垃圾

由人工从街道、人行道或公共场所（如公园、车站、码头）等地所扫集的废物。它主要是落叶、泥沙与纸张等。

21. 零散垃圾

人们在日常生活中不按照指定地点随意丢弃的垃圾。它是城市垃圾清扫和可回收的主要对象。主要包括纸类、废旧塑料、罐头盒、玻璃瓶、陶瓷、木片、旧服装、旧鞋帽、废旧家具、废笔管、颜料等日用废物以及无机灰分等。

22. 原生垃圾

未经任何处理的原状态垃圾。

23. 陈腐垃圾

存放较久、腐烂的垃圾。

24. 易腐垃圾

垃圾中容易腐败、腐烂，并产生恶臭的物质。

25. 惰性垃圾

成分稳定、没有利用价值、进入填埋场的不燃、无机的垃圾总称。

26. 可堆肥垃圾

垃圾中适宜利用微生物发酵处理并制成肥料的物质。它包括剩余饭菜等易腐食物类厨余垃圾、树枝花草等可堆沤植物类垃圾等。

27. 不可堆肥垃圾

垃圾中不适宜利用微生物发酵处理并制成肥料的物质。

28. 可降解垃圾

可以自然分解的有机垃圾。它包括纸张、木材、植物、食物、粪便、肥料等。垃圾实现可降解，大大减少了对环境的影响。但可降解并不一定等同于最环保，因为可降解垃圾如果不经过科学管理，随意堆放，也可能对土壤、地下水等造成污染。

29. 可燃垃圾

可以燃烧的垃圾，即适于现代化焚烧设备燃烧处理的垃圾。如废弃木制品、废织物、废纸、被污染而干燥的纸类、脱水后的厨余垃圾、用于炸食品的食用油、各种不宜回收利用的塑料制品等。从混合垃圾中分离出可燃垃圾的主要目的是保证垃圾焚烧设施的稳定高效运行，并兼顾垃圾中较容易回收成分的回收，最大限度减少垃圾的填埋处置量，节约土地资源。

30. 难燃垃圾

不容易燃烧的垃圾。

31. 不可燃垃圾

不能燃烧的垃圾，即不适于现代化焚烧设备燃烧处理的垃圾。如金属、建筑垃圾、玻璃、灰渣等（可回收利用的垃圾除外），不可燃垃圾一般均直接填埋。

32. 湿垃圾

植物类和厨余类垃圾的总称。如花草、菜皮、菜叶、剩饭、剩菜、食物残渣、果皮、茶叶渣、过期食品等。这类垃圾具有含水率高、易腐败特点，适于堆肥、发酵制肥（制沼气），或制备生物燃料处理，不适合焚烧或者填埋处理。

33. 干垃圾

除植物类、厨余类以外垃圾的总称。如金属、纸类、塑料、纤维织物、废旧电池、电子元器件、大件固体、过期药品、废弃餐巾纸、尿不湿、灰土、污染严重的纸以及塑料袋等。这类垃圾中包含可回收物、易燃物、有害物等多种组分，需要先分拣，挑出可回收利用的物质，余下的再分别进行填埋或焚烧处置。

34. 建筑垃圾

建设单位、施工单位新建、改建、扩建和拆除各类建筑物、构筑物、管网等，以及居民装饰装修房屋过程中所产生的弃土、弃料及其他废弃物的总称。如渣土、废混凝土块、废砖石瓦块、废砂浆、废沥青混合料、废塑料、废金属、废木材、废石膏板、废瓷砖、玻璃等。

35. 装潢垃圾

装潢过程中产生的垃圾。

36. 工程拆除垃圾

工程或建筑物拆除的废料。如混凝土块、废木材、废管道、废砖石等。

37. 医疗垃圾

医疗卫生机构在医疗、预防、保健以及其他相关活动中产生的具有直接或者间接感染性、毒性以及其他危害性的废物。它主要包括感染性、病理性、损伤性、药物性、化学性废物等，如使用过的棉球、纱布、胶布、废水、一次性医疗器具、术后的废弃品、过期的药品，等等。医疗垃圾含有大量的细菌性病毒，有一定的空间污染、急性病毒传染和潜伏性传染的特征，如不加强管理、随意丢弃，任其混入生活垃圾、流散到人们生活环境中，就会污染大气、水源、土地以及动植物，造成疾病传播，严重危害人的身心健康。

38. 电子垃圾

人们在日常生活中淘汰或报废的电视机、电冰箱、洗衣机、空调器、个人电脑、手机、游戏机、收音机、录音机等各种家用电器及电子类产品的总称。它是由消费者废弃的电子电器产品，生产过程中产生的不合格产品及其元器件、零部件，维修、维护过程中废弃的元器件、零部件和耗材，以及根据相关法律视为电子垃圾的物品等组成。大部分电子垃圾含有多种对人体健康和周围环境有害的物质。

39. 有毒有害垃圾

含有毒、有害物质，危害人体健康和自然环境的垃圾总称。它主要包括含有重金属的镍镉/镍氢和铅充电电池，未采用无汞工艺的干电池，含汞的废荧光灯管，废温度计，废血压计，废化妆品，废胶片，废相纸，各种过期药品，杀虫剂，含有挥发性有毒/可燃物质的有机液体制剂（如油漆、用于干洗和电子器件清洗的有机清洗剂、稀释剂等），强酸强碱（如含有硫酸的洁厕精等），各种不稳定且遇火、遇水、撞击、加热后发生爆炸或产生有毒气体的物质。

40. 有害垃圾

垃圾中对人体健康或自然环境造成直接或潜在危害的物质。

它包括废日用小电子产品、废油漆、废灯管、废日用化学品和过期药品等。

41. 特种垃圾

产生源特殊或成分特别，需要采用特种方法清运、处理的垃圾。

42. 大件垃圾

体积较大、整体性强，需要拆分再处理的废弃物品的总称。其中废旧家具主要包括床架、床垫、沙发、扶手椅、桌子、椅子、衣橱/衣柜、书柜等废旧生活和办公器具，其组成有木材、金属、塑料、藤、竹、玻璃、橡胶、织物、装饰板、皮革、海绵等；其他类大件垃圾主要包括厨房用具、浴卫用具、自行车等，及不规则形状的罐类、被褥、草席、长链状物（软管、绳索、铁丝、电线等）等，其组成有陶瓷、金属、玻璃、橡胶、装饰板、皮革、海绵等。

43. 其他垃圾

在垃圾分类中，按要求进行分类以外的所有垃圾。有时也指除可回收物、厨余垃圾、有害垃圾以外的其他生活垃圾的总称。如居民家庭生活中废弃的妇女用卫生巾、婴儿纸尿裤、餐巾纸、烟蒂、陶瓷制品、玻璃纤维制品（如安全帽）、海绵、旅行袋、衣服、鞋类等。

44. 包装垃圾

生活日用品、食品、电器、电子产品、医药等商品的包装物在商品使用后而被抛弃的垃圾总称。如饮料、酒、糕点、粮食、保健食品、化妆品等外包装。我国城市生活垃圾里有1/3属于包装垃圾，占到全部固体废弃物的一半。其组成有纸类、木材、塑料、皮革、玻璃、陶瓷。为防止产品损坏，不少产品的包装中还有大量的缓冲材料和填充料，如发泡塑料、海绵、碎纸等。按包装品的形态，包装垃圾可分为袋、盒、瓶、罐、桶、箱等。

45. 资源垃圾

垃圾中具有利用价值的垃圾总称。如纸类中的旧报纸、旧书、笔记本、广告纸、硬纸箱等；塑料类中的宝特瓶、一般塑料瓶制成的容器等；金属类中的废铁、铝（罐）制品等；玻璃类中的各种玻璃（瓶）等。

46. 一般垃圾

垃圾中除有毒、有害垃圾之外的垃圾总称。

47. 矿化垃圾

生活垃圾在填埋场中经过若干年的生物降解后即可达到稳定化，所形成的一种无毒无害的垃圾总称。该垃圾可以开采和利用。在进行终场规划时，可以考虑矿化垃圾的开采和填埋场的循环使用，提高填埋场的填埋容量。

48. 可回收垃圾

在日常生活中或者为日常生活提供服务的活动中产生的，已经失去原有全部或者部分使用价值，回收后经过再加工可以成为生产原料或者经过整理可以再利用的垃圾总称。如纸类中的未严重玷污的文字用纸、包装用纸和其他纸制品等，即报纸、各种包装纸、办公用纸、广告纸片、纸盒等；塑料中的废容器塑料、包装塑料等塑料制品，即各种塑料袋、塑料瓶、泡沫塑料、一次性塑料餐盒餐具、硬塑料等；金属中的各种类别的废金属物品，即易拉罐、铁皮罐头盒、铅皮牙膏皮、废电池等；玻璃中的有色和无色废玻璃制品等；织物中的旧纺织衣物和纺织制品等。

49. 不可回收垃圾

除可回收垃圾之外的垃圾总称，如果皮、菜叶、剩菜剩饭、花草树枝树叶、烟头、煤渣、油漆颜料等。

50. 废物

排放到环境中的废弃气体、液体和固体的物质，俗称“三废”（three wastes）。如废热，用过的化学制品，来自采掘工业的无用岩石，人工制造但已无法再用或不再需要的一些产品（如工业上的废金属制品，废气和废水），人和其他动物的排泄物和生活垃圾等。

51. 固体废物

在生产、生活和其他活动中产生的丧失原有利用价值或者未丧失利用价值但被抛弃或者放弃的固态、半固态和置于容器中的气态物品、物质以及法律、行政法规规定纳入固体废物管理的物品、物质。我国《固废法》将固体废物分为城市生活垃圾、工业固体废物和危险废物三类进行管理。

52. 地沟油

泛指在生活中存在的各类劣质油，如回收的食用油、反复使用的炸油等。特指下水道中的油腻漂浮物或者将宾馆、酒楼的剩饭、剩菜或者劣质猪肉、猪内脏、猪皮加工或用于油炸食品的油使用次数超过一定次数等，经过过滤、加热、沉淀、分离等加工，变身为清亮的“食用油”，最终通过低价销售，重返人们餐桌的三无产品，是一种质量极差、极不卫生的非食用油。其主要成分仍然是甘油三酯，但比真正的食用油多了许多致病、致癌的毒性物质。长期食用会破坏人们的白血球和消化道黏膜，引起食物中毒，引发癌症，对人体的危害极大。

53. 潲水油

剩饭剩菜和汤水等餐厨垃圾经过水油分离、过滤、去味等加工处理后，重新得到的油脂。一般看起来比较清澈，但是其含有大量的细菌和毒素，一旦被人食用后会引发头昏、头痛、恶心、呕吐、腹部疼痛以及肠胃道疾病，对人体产生很大的危害。

54. 泔水油

又称垃圾油，是宾馆、饭店和食品加工企业存留和排放的泔水，经过提炼处理制成的油。泔水油中含有黄曲霉素、苯并芘、砷、铅等多种毒素，都是致癌物质，可以导致胃癌、肠癌、肾癌及乳腺、卵巢、小肠等部位癌肿。危害很大。在色泽上泔水油发黄发黑，味道刺激，有臭味。

55. 隔油池垃圾

家庭或饭店、宾馆等洗刷餐具过程中随水流入下水道中的各种油脂、食品残渣（包括米饭、面条、各种菜叶、辣椒、花椒等）以及木筷等形成的组成复杂的混合物。这些物质经过生物发酵，形成一种褐色、黏稠、具有恶臭的胶状体。这些垃圾的生物需氧量（BOD）很高，流入江河造成水体富营养化，威胁鱼虾生存。大城市中许多排水沟臭气熏天，也多由隔油池垃圾等发酵造成。隔油池垃圾包括固、液、胶状三系，各系又分别包括水、油，亲水、亲油等不同性质的物质，经过特殊的处理，隔油池垃圾也是一种资源。目前，一些不法商贩却将隔油池垃圾简单加工成食用油，再流通到市场上，直接威胁了人们的身体健康。

56. 建筑渣土

建设单位、施工单位新建、改建、扩建和拆除各类建筑物、构筑物、管网等以及居民装饰装修房屋过程中所产生的弃土。

57. 废砖

建设单位、施工单位新建、改建、扩建和拆除各类建筑物、构筑物、管网等以及居民装饰装修房屋过程中所产生的砖废物。

58. 废混凝土

建设单位、施工单位新建、改建、扩建和拆除各类建筑物、构筑物、管网等以及居民装饰装修房屋过程中所产生的混凝土废物。

59. 废砂浆

建设单位、施工单位新建、改建及居民装饰装修房屋过程中所产生的砂浆废物。

60. 垃圾组分

垃圾中各成分质量占新鲜垃圾质量的百分数。垃圾组分有湿基率（%）（含水分）和干基率（%）（去掉水分，如烘干）两种表示方式。

61. 垃圾组成

垃圾中各种成分及其存在的相对量。它可分为化学组成和物理组成。

62. 垃圾化学组成

垃圾中所含的碳、氢、氧、氮、硫等元素的含量。也称垃圾元素组成。垃圾的元素成分测定常采用化学分析方法和仪器分析方法，有时还采用先进的精密测量仪器。一般测定的元素成分包括 C、H、O、N、S、Cl、F 与重金属（如 Pb、Cr、Hg 等）。垃圾测定的粒度应小于 0.2 mm。垃圾元素组成是判断垃圾化学性质，确定垃圾处理工艺，垃圾生化处理的生化需氧量估算，垃圾的发热值，焚烧后二次污染物预测，有害成分的判断等的依据。

63. 垃圾物理组成

垃圾按所含物质的原形态分类的各组成成分之重量比。

64. 垃圾粒径

在空间范围内垃圾所占据的线性尺寸大小。球形颗粒垃圾的直径就是粒径。非球形颗粒垃圾的粒径可用球体、立方体或长方体所代表的尺寸表示，即以规则物体直径表示不规则颗粒垃圾的粒径。垃圾的粒径对垃圾的处理和利用会产生较大的影响，它是决定使用设备规格或容量的重要参数，尤其对于可回收资源再利用的垃圾，垃圾粒径显得更为重要。如筛分和分选

（磁选、电选等）等设备的选用。

65. 垃圾孔隙比（空隙比）

垃圾堆体内垃圾颗粒之间的空隙所占有的体积和垃圾颗粒自身所具有的体积之比，也称空隙比。即 $e=\frac{V_V}{V_S}$，式中：e—孔隙比或空隙比；V_V—垃圾颗粒空隙体积；V_S—垃圾自身颗粒体积（包含水分）。

66. 垃圾孔隙率（空隙率）

垃圾堆体内垃圾颗粒之间的空隙占垃圾总堆积容积的百分比。它是垃圾通风间隙的表征系数，并与垃圾容重具有关联性。容重越小，垃圾的孔隙率一般越大，物料之间的空隙越大，物料的通风断面积也越大，空气的流动阻力相应越小，越有利于垃圾的通风。因此，孔隙率广泛用于堆肥供氧通风、焚烧炉内垃圾强制通风的阻力计算和通风风机参数的选取。即 $n=\frac{V_V}{V_m}$，式中：n—垃圾的孔隙率或空隙率；V_V—垃圾的空隙体积；V_m—垃圾的表观体积。影响孔隙率的因素有垃圾粒径、垃圾强度及含水率。

67. 挥发分

垃圾在隔绝空气加热至一定温度时，分解析出的气体或蒸气的量，用 V_S（%）表示。它近似反映垃圾中有机物含量多少的参数，一般由垃圾在 600℃ ±20℃ 温度下的灼烧减量来衡量。挥发分的主要成分是由气态碳氢化合物（甲烷和非饱和烷烃）、H_2、CO、H_2S 等组成的可燃混合气体。垃圾中的各种组成物由于分子结构不同，断键条件不同，决定了它们析出挥发分的初始温度不同。但常见的四种有机物（塑料、橡胶、木屑、纸张）的挥发分的初始温度都在200℃左右。

68. 灰分

生活垃圾经800℃～850℃高温燃烧、灰化冷却后的残留物。即垃圾中不能燃烧也不挥发的物质。它是反映垃圾中无机物含量多少的参数，其值即是灼烧残留量（%）。测试方法为对垃圾进行分类，将各组分破碎至2mm以下，取一定量在105℃±5℃下干燥2h，冷却后称重（P_0），再将干燥后的样品放入电炉中，在800℃下灼烧2h，冷却后再在105℃±5℃下干燥2h，冷却后称重（P_1），即各组分的灰分为I_i（%）$=\frac{P_1\ (\mathrm{kg})}{P_0\ (\mathrm{kg})}\times 100\%$，式中：$I_i$—垃圾的灰分,%；$P_1$—灼烧后垃圾的重量（干重），kg；$P_0$—灼烧前垃圾的重量（干重），kg。

69. 垃圾容重

单位体积垃圾的质量，也称垃圾密度。即$D=(W_2-W_1)/V$，式中：D—垃圾容重，kg/L或kg/m^3；W_1—容器重量，kg；W_2—装有试样的容器总质量，kg；V—容器体积，L或m^3。它是确定垃圾容器的大小及数量、运输车辆的容积、转运站及处理设施的规模、处置场的库容等的重要参数。垃圾容重又分为自然容重、垃圾车装载容重和填埋容重。

70. 垃圾堆密度（垃圾体积密度、垃圾表观密度）

单位垃圾堆体积中所含有的垃圾的量。

71. 自然容重

垃圾在自然松散状态下，单位体积垃圾的质量。自然容重常用于垃圾调查分析。

72. 垃圾车装载容重

垃圾在收集运输车里面的容重。垃圾车装载容重常用于垃圾收集运输系统中的垃圾收集运输车的数量计算。

73. 填埋容重

垃圾在填埋场进行压实作业后的容重。填埋容重常用于垃圾填埋场库容量计算和压实作业次数的确定。

74. 垃圾含水率

单位质量垃圾含有的水分量，一般用质量分数（%）表示。即 $W=\frac{(A-B)}{A}\times 100\%$，式中：$W$—垃圾含水率,%；$A$—鲜垃圾（或湿垃圾）试样原始质量，kg；$B$—试样烘干后的质量，kg。影响垃圾含水率的因素有垃圾成分、季节、气候等。垃圾含水率变化幅度一般为11%～53%。我国一般为55%～65%，一些南方城市在夏季高达70%，而西方国家一般为30%～35%。当垃圾动植物的含量高、无机物的含量低时，垃圾含水率就高；反之则含水率低。

75. 毛细管水

垃圾的毛细管空隙中的水分。

76. 附着水

以机械形式吸附在垃圾表面和缝隙的水。其含量不固定，不属于物质的化学组成，故化学式一般不予表示。

77. 吸着水

被分子引力和静电引力牢固地吸附在垃圾颗粒表面上，不受重力影响的水。

78. 固定碳

垃圾中除去水分、挥发性物质及灰分后的可燃烧物，即固定碳（%）=100－（含水率＋灰分＋挥发性物质）。固定碳表征垃圾中有机质特征，具有热值高（低热值为32700kJ/kg）、着火温度高、与氧气充分接触难、燃尽时间长等特点，因此，固定碳含量高的垃圾一般难于着火和燃尽。

79. 可燃物

生活垃圾经800℃～850℃高温燃烧、灰化冷却后所减少的重量。

80. 垃圾量

各类垃圾产生的总量。即垃圾数量的定量化描述。按使用单位不同，有重量、体积量等。

81. 生活垃圾回收量

进入物资回收系统的生活垃圾量。

82. 垃圾回收

回收后经综合处理可以重新利用的生活垃圾。主要包括废纸、塑胶、玻璃、金属和织物五类。利用可回收生活垃圾，可以减少污染，节省资源。

城市生活垃圾具有无主性、分散性、难收集、成分复杂、有机物含量高等特点。垃圾的收集大都分别由某一个部门专门作为经常性工作加以管理。如商业垃圾与建筑废物由产生单位自行清运，园林垃圾和粪便由环卫部门负责定期清运，而居民生活产生的生活垃圾，由于产生源分散、总产生量大、成分冗杂，收集工作十分复杂和困难。

83. 生活垃圾回收率

进入物资回收系统的生活垃圾量占总垃圾量的百分率。此处的垃圾量指去除垃圾中废品后的部分。

84. 生活垃圾排放量

除生活垃圾回收量外，应进入生活垃圾处理设施的垃圾量。

85. 生活垃圾产生量

生活垃圾回收量与生活垃圾排放量的和。也是一个城市或地区居民生活产生的垃圾总产量。常用单位时间的垃圾单位产生重量表示，即 10^4 t/d、10^4 t/月、10^4 t/a。一般生活垃圾产生量与城市工业发展、城市规模、人口增长及居民生活水平的提高成正比例。

86. 生活垃圾单位产生量

城市每人每日（年）产生的垃圾（kg）的重量，即 kg/（人·d）或 kg/（人·a）。

87. 生活垃圾清运量

生活垃圾从产生源被收集和运输到各处理、处置设施的生活垃圾量。生活垃圾清运量有车吨位和实吨位两种统计方法。车吨位是由垃圾运输车的载重吨位和车辆数乘积来统计的。实吨位是由垃圾中转站和垃圾填埋场称重的净垃圾重量来统计的。一般车吨位数统计的生活垃圾清运量大于实吨位统计的生活垃圾清运量，但两者均小于或等于实际生活垃圾产生量。目前，统计部门的各种报告以及科学文献中的数据绝大多数采用清运量。

88. 生活垃圾封闭化清运量

使用封闭化运输车清运的生活垃圾量。

89. 生活垃圾封闭化清运率

生活垃圾封闭化清运量与生活垃圾总清运量的比率。

90. 生活垃圾产生量预测

以某一时间为基准，对未来 5 年或 10 年垃圾产生量的估计计算。一般预测的方法分为两类，一类是简单趋势预测法，即通过调查研究，收集资料，依据经验，利用简单的趋势方程进行推理判断，如几何平均预测法；另一类是数学模型预测法，即依据统计数据资料，建立数学模型，如数理统计模型、物流平衡模型和灰色模型等。

91. 影响生活垃圾产生量的因素

影响生活垃圾产生量变化的因素。主要有城市人口、城市外来人口、城市经济发展水平、居民收入与消费结构、能源结构、地理位置、季节变化、生活习俗、废品回收习惯、回收率、住宅面积等。

92. 垃圾分类

根据城市环境卫生专业规划要求，结合本地区垃圾的特性和处理方式选择的垃圾分类方法。一般在采用焚烧处理垃圾的区域，宜按可回收物、可燃垃圾、有害垃圾、大件垃圾和其他垃圾进行分类。在采用卫生填埋处理垃圾的区域，宜按可回收物、有害垃圾、大件垃圾和其他垃圾进行分类。在采用堆肥处理垃圾的区域，宜按可回收物、可堆肥垃圾、有害垃圾、大件垃圾和其他垃圾进行分类。通常情况下垃圾分为可回收物、大件垃圾、可堆肥垃圾、可燃垃圾、有害垃圾和其他垃圾六类。若根据大类粗分的原则，垃圾分为可回收物、厨余（餐厨）垃圾、其他垃圾三类。若按照地区属性不同，居住小区的生活垃圾一般可分为可回收物、厨余垃圾、其他垃圾三类；单位餐饮区的生活垃圾一般可分为可回收物、餐厨垃圾、其他垃圾三类；单位办公区及公共场所的生活垃圾一般可分为可回收物、其他垃圾两类等。

93. 垃圾源头分类

在垃圾产生地（多指家庭）对垃圾采用分类分色垃圾袋或容器进行垃圾贮存的方法。它是鼓励生活垃圾源头减量的行为，是生活垃圾管理的基础和前提。

94. 影响垃圾分类的因素

对垃圾分类产生影响的因素，主要有居民的环境意识比较差，居民有关生活垃圾收集、处理处置的知识非常有限，垃圾分类收运作业不分类，以及主要以填埋方式处理垃圾等。

95. 垃圾分类原则

按照垃圾危害程度和后续垃圾资源化处理、处置的需求进行分类的方法。一般生活垃圾分类的原则有：将危险垃圾与一般垃圾分开，将可回收利用垃圾和不可回收利用垃圾分开，将可燃垃圾和不可燃垃圾分开，将干垃圾和湿垃圾分开，将有机垃圾和无机垃圾分开，将可堆肥垃圾和不可堆肥垃圾分开等原则。上述垃圾分类原则可以单独使用，也可以交替使用。对已分类的垃圾，应分类投放、分类收集、分类运输、分类处理。

96. 垃圾分类物流系统

从垃圾产生源头开始实施的垃圾物流管理方法。它包括垃圾的“大分流和小分类”系统。“大分流”是在产生源头，将装修垃圾、废旧家电（具）、落叶枯枝等与生活垃圾分开，避免与生活垃圾混装混运的垃圾物流系统。“小分类”是在居民家庭，生活垃圾实行干湿分开、有机物与无机物分开，在居住区内进行分类投放，可回收垃圾不进入生活垃圾处理系统的垃圾物流系统。

97. 垃圾分类回收

从居民生活源头分类开始（分类收集、装袋），到分类集装运（分类投放到分类回收箱、分类装运），再到根据垃圾不同的成分进行填埋、焚烧、堆肥和再生等处理的全过程。它是一个多环节的一体化系统，也是发达国家普遍采用的回收方法。

98. 垃圾分类评价指标

推行、促进和考核垃圾分类宣传程度、设施配套程度、实施效果等具有可操作性强的评价指标。一般包括知晓率、参与率、容器配置率、容器完好率、车辆配置率、分类收集率、资源回收率和末端处理率。

99. 知晓率

评价范围内居民知晓垃圾分类的人数（或户数）占总人数（或总户数）的百分数。一般知晓率统计的范围由调查的目的决定，可以是开展垃圾分类收集的地区，也可以是一个生活小区。具体的计算为 $\gamma_c = \frac{R_i}{R} \times 100\%$ ，式中：γ_c—知晓率（%）；R_i—居民知晓垃圾分类收集的人口数（或户数）；R—评价范围内居民总人口数（或总户数）。

100. 参与率

评价范围内参与垃圾分类的人数（或户数）占总人数（或总户数）的百分数。一般参与率统计是开展垃圾分类收集的区域，按要求将垃圾分类投放的个体数。如居民区对象可以是居民户数，商业区可以是商铺数等。具体的计算为 $\gamma_p = \frac{R_j}{R} \times 100\%$ ，式中：γ_p—参与率（%）；R_j—居民参与垃圾分类的人口数（或户数）；R—评价范围内居民总人口数（或总户数）。

101. 分类收集率

垃圾分类投放后，分类收集的垃圾质量占垃圾排放总质量的百分数。具体为 $\gamma_s = \frac{w_s}{W} \times 100\%$ ，式中：γ_s—分类收集率

(%)；w_s—分类收集的垃圾质量（t）；W—垃圾排放总质量，t。垃圾排放总质量为 $W = w_1 + w_2 + w_3$，式中：W—垃圾排放总质量，t；w_1—已回收的可回收物质量，t；w_2—填埋处理的垃圾质量，t；w_3—采用综合处理、堆肥或焚烧等方法处理的垃圾质量，t。

102. 城市生活垃圾分类标志

按规定的名称、图形符号和颜色使用的垃圾标志图标。在使用时应根据识读距离和设施体积确定标志尺寸，但须保持其构成要素之间的比例。使用过程中标志应保持清晰和完整。标志的中文字体为大黑简体，英文为 Arial 粗体。英文名称可根据需要取舍，但不应在标志内出现其他内容。具体标志有：

垃圾	可回收物	有害垃圾	大件垃圾	可燃垃圾	可堆肥垃圾	其它垃圾	纸类
标志	可回收物 Recyclable	有害垃圾 Harmful waste	大件垃圾 Bulky waste	可燃垃圾 Combustible	可堆肥垃圾 Compostable	其它垃圾 Other waste	纸类 Paper
垃圾	塑料	金属	玻璃	织物	瓶罐	厨余垃圾	电池
标志	塑料 Plastic	金属 Metal	玻璃 Glass	织物 Textile	瓶罐 Bottle & Can	厨余垃圾 Kitchen waste	电池 Battery

103. 垃圾处置

将垃圾最终置于符合环境保护规定要求的填埋场的活动。它包括陆地处置和海洋处置。

104. 陆地处置

基于土地对固体废物进行处置的一种方法。根据废物的种类及其处置的地层位置（地上、地表、地下和深地层），陆地处置分为土地耕作、工程库或贮留池贮存、土地填埋、浅地层埋藏及深井灌注等。

105. 海洋处置

利用海洋巨大的环境容量和自净能力，将垃圾消散在海洋中，因海洋远离人群，污染物的扩散不容易对人类造成危害的垃圾处理方法。海洋处置分海洋倾倒和海洋焚烧两种。

106. 海洋倾倒

利用船舶、航空器、平台及其他运载工具，选择距离深度和深度适宜的处置场，向海洋倾倒废物或其他有害物质的海洋处置方法。

107. 海洋焚烧

利用焚烧船在海洋中对垃圾进行焚烧的海洋处置方法。它主要用来处置卤化废物、冷凝液及焚烧残渣等。

108. 垃圾处理

把垃圾迅速清除，进行无害化处理，最后加以合理利用的过程。当今广泛的应用的垃圾处理方法是卫生填埋、高温堆肥和焚烧。垃圾处理的目的是无害化、资源化和减量化。

109. 生活垃圾处理

对城市所产生的生活垃圾（不包括市政设施和修建垃圾）

的处理技术。一个完整的城市生活垃圾处理包括清扫保洁、垃圾收集、中转运输和最终处理处置。其中清扫保洁、垃圾收集和中转运输共同组成垃圾清运。

110. 垃圾综合处理

在同一服务范围内，同时运用两种或两种以上处理技术，并充分重视资源回收利用的垃圾处理方法。即根据垃圾成分或特性，结合当地产业、经济、科技、地理和人文条件，优化组合多种垃圾处理方式，回收物质和能量，以废治废，实现垃圾处理集约化、资源化、专业化和无害化的处理过程。垃圾综合处理按照处理对象可分为混合垃圾处理型和分类垃圾处理型。按单元处理技术重要性不同，垃圾综合处理可分为多元组合型和功能拓展型。

111. 生活垃圾综合处理系统

以社会、经济和环境协调发展为目标，优化运用多种管理、技术手段构筑的生活垃圾处理系统工程。广义上的生活垃圾综合处理系统是指生活垃圾从“源头”收集到“末端”处置的全过程管理系统。狭义上的生活垃圾综合处理系统指在某一特定区域或集中场所内，同时运用相互之间有关联的两种及以上处理方式，形成既相对独立又互为补充，满足“三化”要求，追求综合效益最优化的生活垃圾处理系统。它是一个相对开放的系统，是城市生态系统的有机组成部分。通过信息流、物质流和能量流等生态流的代谢过程，将城市生活垃圾系统与其他环节紧密联系起来。

112. 生活垃圾综合处理模式

以可持续发展作为推动力和最终目标，由“区域性”“多元性”“市场性”“动态性”“关联性”“阶段性”等要素支持的，开放的科学垃圾处理体系。它主要包括全过程管理型和末端处理型；混合垃圾处理型和分类垃圾处理型；多元组合型和功能拓展型；集中布置型和区域布局型；系统封闭型和系统开放型十种基本类型。

113. 全过程管理处理

指进行固体废弃物的最小量化，使其在生产过程中排出尽可能少的废物；对产生的废弃物进行综合利用，尽可能使其资源化；对废弃物进行无害化最终处理和处置。逐步实施固体废弃物的减量化、资源化和无害化，推行“从末端治理向全过程管理的转变”。

114. 混合垃圾处理

源头混合收集的原生垃圾一起进行处理的技术。

115. 分类垃圾处理

源头垃圾进行分类收集、分类处理的技术。

116. 多元组合处理

根据区域内垃圾的物流平衡而采用多种并列的单元处理技术的综合处理技术。

117. 功能拓展处理

以一种单元处理技术为主体，根据工艺要求，增加其他辅助技术作为补充的垃圾处理技术。

118. 处理系统构建准则

城市生活垃圾处理系统建立的要求。它包括有建立健全生活垃圾综合处理方面的法律法规；推行生活垃圾分类收集；建立生活垃圾分类回收制度；实行生活垃圾处理收费和特许经营；促进生活垃圾综合处理新技术的研究开发；重视生活垃圾综合处理系统规划；建立长效的监管机制等方面。

119. 处理系统建设与运营机制

以政府补贴作为经济杠杆，规划作为指导原则，采用多种市场化手段，建立的多元化融资机制、市场化运营机制和资金保障机制的垃圾处理系统建设和运营体系。

120. 生活垃圾处理规划

生活垃圾从产生、分类、收集、运输、转运、处理、回收利用到最终处置进行全过程的规划。垃圾处理规划的目的是实现人与自然的和谐发展，即可持续发展。

121. 就地处理

垃圾在其产生地直接进行处理的方式。

122. 减容处理

减少垃圾体积的技术和措施。

123. 垃圾处理服务

针对垃圾处理所建立的管理和服务措施。它包括解决公众投诉在内的管理和作业等一系列活动组成。其中，要求垃圾处理产业通过提供垃圾处理服务带给公众良好环境的享受。

124. 垃圾处理场

为保持城区的市容市貌，从根本上消除生活垃圾的危害，给人民群众创造一个良好的生活工作环境，保护人民群众的身体健康，而设置的妥善收集、清运和处理城市生活垃圾的场所。

125. 厨余垃圾资源化利用技术

对厨余垃圾进行资源再利用的技术，该技术主要包括堆肥、甲烷发酵与燃料电池发电、生产饲料、乳酸发酵、真空油炸、蚯蚓生物处理等。堆肥技术是采用家庭垃圾堆肥处理机和小容量垃圾系列处理机的一种从源头减量的资源化方法，家庭垃圾处理机主要有生物分解式和干热式两种。生物分解式垃圾处理机就是人为制造一个近似自然的堆肥过程，绝大部分垃圾被分解为水和二氧化碳，少部分成为有机肥，可使垃圾减量85%～95%；干热式垃圾处理机与一般的垃圾桶一样，消费者把垃圾随手一扔，按一下电钮，经2～3h加热干燥，垃圾体积可减少80%以上，垃圾变成黑黑的渣滓，该残渣在自然环境下经过“二次发酵”能变成有机肥和土壤改良剂；甲烷发酵与燃料电池发电组合技术是将厨余垃圾经厌氧发酵得到甲烷，再经催化反应从甲烷中提取氢气，并供给燃料电池发电，所得到的电可供电动汽车充电使用。剩余的甲烷气体可以用来供热或供蒸汽涡轮机发电，也可以制成压缩天然气（CNG）作汽车燃料使用；生产饲料技术是利用厨余垃圾作为原料进行酵母固态发酵，可以提高其蛋白质、氨基酸和维生素的含量，来代替大豆、鱼粉等蛋白饲料。生物降解性塑料技术是通过发酵厨余垃圾生产乳酸，进而合成聚乳酸这种可降解性塑料的过程。该技术不但可以解决厨余垃圾的资源化问题，还有利于生物降解塑料早日取代通用塑料，有望解决困扰人类的“白色污染难题”。真空油炸技术采用食品加工厂、饭店等使用过的废食品油，从而达到以废治废的目的。油炸后的产品可作为一种绿色饲料。该饲料价格低廉，具有良好的市场前景。蚯蚓生物处理是利用蚯蚓分泌的多种酶来分解厨余垃圾中的有机物，通过发酵和高温清除病菌后，转变成为蚯蚓的饲料，蚯蚓经加工后可制成蚯蚓粉用于其他养殖业，蚯蚓的粪便可作为蔬菜、瓜果等农作物的优质肥料。厨余垃圾资源化处理的最佳工艺流程为：在去除动物硬骨、废餐具、纸巾及其他杂质的基础上，将固相与液相分离，固相经过粉碎、挤压工艺，去除其中的水分与油分，进而对残渣干燥。液相通过分离、破乳等工艺实现油水分离；污水直接进入化粪池或者城市污水处理系统，油液则通过过滤、调和、蒸馏、吸附、精滤等工艺，制取精制潲水油。

126. 厨余垃圾处理器

亦称厨房垃圾处理器，一种装在厨房水盆下水口处的装置，可以将食物垃圾粉碎成极小的颗粒后直接冲入下水系统，使餐后清理更方便，也大大地改善了厨房环境的处理设备。厨余垃圾处理器优点：（1）食物垃圾处理器的使用非常方便，简单操作，短时间内将食物垃圾处理完毕；（2）食物垃圾处理器能极大地改善厨房和居室的卫生条件，大幅度减少食物垃圾在家庭中的存放空间及存放时间；消除了食物垃圾在长时间的存放中因发酵、腐败所产生的异味、臭味；避免因垃圾袋破裂造成食物残渣、油汤污染地面所带来的额外麻烦；彻底清除蚊蝇、蟑螂、老鼠等害虫的骚扰和病毒源，促进家人健康；（3）食物垃圾处理器能节省您餐前准备和餐后清洗的时间，减少家人在厨房与小区公共垃圾桶之间的奔忙，降低家务劳动强度；（4）使用食物垃圾处理器符合环保要求，它能将食物垃圾碾磨成微小的颗粒后顺水冲入下水管道，不会给居室和排水系统造成任何危害。

127. 环境卫生工程设施

具有生活废弃物转运、处理及处置功能的较大规模的环境卫生设施。

128. 稳定化

指将有害有毒污染物转变为低溶解性、低迁移性及低毒性的物质的过程。稳定化一般可分为化学稳定化和物理稳定化。在实际操作中，这两种过程是同时发生的。

129. 化学稳定化

通过化学反应使有毒物质变成不溶性化合物，使之在稳定的晶格内固定不动的过程。

130. 物理稳定化

将污泥或半固体物质与一种疏松物料混合生成一种粗颗粒、有土壤坚实度的固体，并能用运输机送至处理场的过程。

131. 固化

在垃圾中添加固化剂，使其转变为不可流动固体或形成紧密固体的过程。固化的产物是结构完整的整块密实固体，称为固化体，它可以方便地按尺寸大小进行运输，而无须任何辅助容器。

132. 固化剂

固化过程中所用到的惰性材料。

133. 限定化

将有毒化合物固定在固体粒子表面的过程。

134. 包容化

用稳定剂/固化剂凝聚，将有毒物质或危险废物颗粒包容或覆盖的过程。

135. 稳定化/固化处理效果的评价指标

衡量稳定化/固化处理效果的指标。它主要有固化体的浸出速率、增容比和抗压强度等物理及化学指标。

136. 固化体的浸出速率

固化体浸于水或其他溶液中时，其中危险物质的浸出速率。其目的是通过对不同固化体难溶性程度的比较，可以更好地选择方法和工艺条件；可以预测固化体不同环境的性能，在贮存和运输条件下，用以估计其与水（或其他溶液）接触所引起的危险或风险。

137. 增容比

亦称体积变化因数，是垃圾在稳定化/固化处理前后的体积比，即 $C_R = V_1/V_2$。式中：C_R—体积变化因数；V_1—固化前垃圾的体积；V_2—固化体的体积。

垃圾管理篇

1. 垃圾管理

对垃圾的产生、收集、分选、存放、运输、处理以及最终处置实行的系统管理。

2. 生活垃圾管理

遵循减量化、资源化、无害化的方针和城乡统筹、科学规划、综合利用的原则，对生活垃圾的产生、收集、分选、存放、运输、处理以及最终处置实行的系统管理。它是城乡环境建设、管理和公共服务的重要组成部分，是关系民生的基础性公益事业。

3. 垃圾环境管理

人们对自身思想观念和行为动作有意识地自我约束，以达到人与自然和谐共进的环境管理模式。垃圾环境管理包括环境行政管理、企业环境管理和公众参与管理。我国对垃圾的环境管理是从20世纪80年代开始的，已建立了市、区、街道三级管理体制。各城市环卫部门主管负责垃圾的设施建设、收集处理、运行监督和宏观管理；政府负责收集处理费用；环保部门负责对垃圾处理厂实施环境影响评价和监测监督。

4. 全过程管理

对垃圾从产生、收集、运输到处理、处置的全部环节进行的管理。

5. 环境行政管理

国家和地方各级人民政府和其环境行政主管部门，为达到既能发展经济满足人类的基本需要，又不超出环境的容许极限的目的，按照有关法律法规对所辖区域的环境保护实施统一的行政监督管理，并运用经济法律技术、教育等手段，限制人类垃圾污染与破坏环境行为，保护环境，改善环境质量的垃圾管理行政活动。它主要包括国家环境管理、省级环境管理和城市环境管理。

6. 企业环境管理

由单位负责垃圾的清扫保洁和分类收集的管理。如机关、团体、部队、企事业单位，应当按照城市人民政府市容环境卫生主管部门划分的卫生责任区负责垃圾分类收集；城市集贸市场，由主管部门负责组织专人清扫保洁和分类收集垃圾；各种摊点，由从业者负责垃圾分类收集；在市区水域行驶或者停泊的各类船舶上的垃圾、粪便，由船上负责人依照规定处理；医院、疗养院、屠宰场、生物制品厂产生的垃圾，必须依照有关规定分类收集和处理；居住小区、大厦和工业区的开发建设单位、物业管理单位、房屋管理单位必须选定适宜的地点或场所配套设置生活垃圾分类收集的容器、设施和厨余垃圾处理设备；有关单位和个人可以委托垃圾分类收集处理企业清扫和分类收集，垃圾分类收集处理企业收取一定费用，按规定和约定实行垃圾分类收集。委托分类收集垃圾，应当签订书面委托合同，合同副本须报主管部门备案；带有液体的垃圾，产生单位应密封投放，分类收集单位应密封清运，不得对环境造成污染。

7. 公众参与管理

城市居民、单位必须按照所在地环境卫生主管部门规定的时间、地点和方式排放生活垃圾，并积极配合有关单位进行分类收集的管理。

8. 生活垃圾作业系统

以生活垃圾为劳动对象的所有作业活动的总和。它主要由生活垃圾的收集、运输、转运、处理、处置等环节组成。

9. 生活垃圾作业管理系统

对生活垃圾作业系统实施管理的组织系统。

10. 船舶生活垃圾作业系统

以船舶生活垃圾为劳动对象的所有作业活动的总和。它主要由船舶生活垃圾的收集、运输、转运、处理、处置等环节组成。

11. 船舶生活垃圾作业管理系统

对船舶生活垃圾作业系统实施管理的组织系统。

12. 水面漂浮垃圾作业系统

以水面漂浮垃圾为劳动对象的所有作业活动的总和。主要由水面漂浮垃圾的收集、运输、转运、处理、处置等环节组成。

13. 水面漂浮垃圾作业管理系统

对水面漂浮垃圾作业系统实施管理的组织系统。

14. 国家法律

由全国人民代表大会和人大常委会制定的有关固体废物管理的法律条文。如1995年10月30日全国人大第十六次会议通过了《中华人民共和国固体废物污染环境防治办法》。它是固体废弃物管理法律法规体系中的大法。

15. 行政法规

由国务院根据宪法和法律制定的有关固体废物管理的行政法规、措施和命令等。如1995年5月20日，国务院等104次常务会议通过并颁布了《城市市容和环境卫生管理条例》。这是有关城市市容和环境管理的行政法规，是城市实施固体废物管理的最为广泛的规范依据。

16. 部门规章

由国务院各部委根据法律和国务院的行政法规、决定和命令，在本部门权限内发布的有关固体废物管理的命令、指示和规章。如《城市生活垃圾分类及其评价标准》是建设部于2004年12月1日颁发的第一部有关城市生活垃圾分类方面的专门性规章。

17. 地方法律规范

由地方各级人民代表大会和地方人民政府制定的，经国务院批准或备案的有关固体废物管理的地方行政法规、规章、决定和命令。它是国家法律法规的细化和国家法律法规空白点的补充等。如2002年10月1日起施行的《北京市市容环境卫生条例》。

18. 国际公约

我国参与国家范围内的环境保护签署的国际公约。如1990年3月，我国政府签署的《控制危险废物越境转移及其处置的巴塞尔公约》等。

19. “三化”原则

固体废物污染防治的“减量化、资源化和无害化”的简称。它是固体废物污染防治的基本原则。

20. 减量化

通过采用合适的管理和技术手段减少固体废物的产生量和排放量的技术过程。减量化是垃圾循环经济管理的重要内容，是垃圾管理的基本要求，是降低垃圾对环境危害的最终手段。目前，减量化有三层含义，一是减少垃圾的产生量，即源头削减/废物预防。二是减少垃圾的最终处置量，即在垃圾处理过程中，通过压实、破碎等物理手段，或通过焚烧、热解等化学的处理方法，减少垃圾的数量和容积，从而方便运输和处置。三是指减少垃圾的排放量，即垃圾产生后，经过回收阶段，减少需要进入城市生活垃圾处理处置系统的垃圾数量。

21. 资源化

采取管理和工艺措施从固体废弃物中回收物质和能量，加速物质和能源的循环，创造经济价值的广泛处理技术的过程。资源化是垃圾循环经济管理的重要内容。具体包括物质回收，即从处理的废弃物中回收一定的二次物质，如纸张、玻璃、金属等；物质转换，即利用废弃物制取新形态的物质，如利用废玻璃和废橡胶生产铺路材料；利用炉渣、钢渣、粉煤灰生产水泥和其他建筑材料；利用生活垃圾生产有机堆肥等；能量转换，即从废物处理过程中回收能量，以生产热能或电能，如有机废物的焚烧处理回收热量，进一步发电；利用垃圾厌氧消化生产沼气，并作为能源向居民和企业供热或发电等。

22. 无害化

对已经产生又无法或目前尚不能综合利用的固体废物，经过物理、化学或生物方法，进行无害或低危害的安全处理、处置，以达到对废物的消毒、解毒或稳定化、固化，防止并减小固体废物污染危害的处理技术的过程。如填埋、焚烧、稳定化/固化、物理法、化学法、生物法、弃海法等。

23. 生活垃圾减量化

在城市居民日常生活中或为城市日常生活提供服务的活动中，为减少可能生成的生活垃圾的数量或毒性而采取的一系列措施。

24. 全过程多级减量化

从系统论的理论出发，把生态设计、清洁生产、可持续消费、资源再利用和垃圾的分类收运、综合处理融为一体，并涵盖垃圾源头减量化、中间减量化和末端减量化三个子系统的垃圾减量化控制过程。它是我国环境管理基本原则和我国可持续发展基本思想实施的根本保证。

25. 生活垃圾减量化指数

每个区县在一个考核年度内核定人均生活垃圾排放量与人

均生活垃圾排放量之差占核定人均生活垃圾排放量的比例。本指数越大，表明生活垃圾减量化水平越高。即减量化指数 $D=$（核定人均排放量－人均排放量）/核定人均排放量。

26. 源头减量

在设计、制造、流通和消费等过程中，采用一系列的技术、管理和法律法规等措施对垃圾产生源头进行减量的一系列措施。

27. 生活垃圾资源化

采取各种管理及工艺措施从生活垃圾中回收有用的物质和能源，使之成为可利用资源的措施。具体措施有加强固体废物资源的管理，如制定关于生活垃圾资源化的政策，建立废物交换和回收机构等；采取生活垃圾资源化的措施，如生活垃圾中含有大量的有机物，经过分选和加工处理后，利用微生物的降解制取沼气和肥料等。

28. 生活垃圾资源化原则

生活垃圾资源化处理所遵循的原则。具体原则有资源化的技术是可行的；资源化的经济效果比较好，有较强的生命力；资源化所处理的垃圾应该尽可能在排放源附近，以节省垃圾在存放、运输等方面的投资；资源化产品应当符合国家相应产品的质量标准，从而具有竞争力。

29. 生活垃圾资源化指数

进入物资回收系统的生活垃圾量与进入处理设施资源化处理后得到的资源量折算成的生活垃圾量之和占生活垃圾产生量的比例。本指数越大，表明生活垃圾资源化水平越高。即资源化指数

$R=(\sum \text{某处理设施的资源化量}+\text{回收量})/(\text{排放量}+\text{回收量})$，式中："某处理设施的资源化量"计算方法为：$\dfrac{\text{该方式产生的产品量}+\text{处理产生的能量}}{5000\ (\text{kJ/kg})}$。如：填埋处理方式的资源化量 $=\dfrac{\text{填埋气发电能量}+\text{填埋气供热能量}}{5000\ (\text{kJ/kg})}$；焚烧处理方式的资源化量 $=\dfrac{\text{焚烧产品量}+\text{焚烧发电能量}+\text{焚烧供热能量}}{5000\ (\text{kJ/kg})}$；生化处理方式的资源化量 $=\dfrac{\text{生化处理产品量}+\text{生化处理产气发电能量}+\text{生化处理产气供热能量}}{5000\ (\text{kJ/kg})}$，上述处理产品量均不含添加原材料量。

30. 生活垃圾无害化指数

进入清运环节、转运环节和无害化处理设施的生活垃圾量与相应清运环节、转运环节或处理设施的考核分数之乘积占排放量的比例。本指数越大，表明生活垃圾无害化水平越高。即

无害化指数：

$$H=\frac{\sum_{1\text{月}}^{12\text{月}}\sum_{\text{各清运环节}}(\text{清运量}\times\text{该清运过程考核得分})}{\text{垃圾年排放量}}\times 0.15+\frac{\sum_{1\text{月}}^{12\text{月}}\sum_{\text{各转运设施}}(\text{转运量}\times\text{该转运设施考核得分})}{\text{垃圾年排放量}}\times 0.15+\frac{\sum_{1\text{月}}^{12\text{月}}\sum_{\text{各处理设施}}[(\text{进入达标处理设施量}-\text{从该设施运出量})\times\text{该处理设施考核得分}]}{\text{垃圾年排放量}}\times 0.7$$

式中：两个0.15分别为清运过程和转运过程的加权系数，0.7为处理过程的加权系数。考核得分均需换算为值为0~1的数，若未经过转运设施，则该项不计，同时，清运环节加权系数由0.15调整至0.3。

31. 无害化处理设施

采用卫生填埋、焚烧、生化处理（堆肥）及其他符合垃圾

无害化处理标准的处理方法对生活垃圾进行处理的设施。

32. 生活垃圾无害化处理率

在确保对周围地下水体、地表水体、土壤等不造成污染的垃圾处理设施处理的垃圾量占总垃圾产生量的百分率。

33. 生活垃圾减量化、资源化、无害化综合水平指数

某一区域内生活垃圾减量化、资源化、无害化管理水平的综合反映，由生活垃圾减量化、资源化、无害化指数综合计算得出。本指数越大，表明生活垃圾减量化、资源化、无害化的综合水平越高。即生活垃圾减量化、资源化、无害化综合水平指数 $L=(D\times R+R\times H+D\times H)/3$，式中：$L$—生活垃圾减量化、资源化、无害化综合水平指数；$D$，$R$，$H$—分别为减量化指数、资源化指数和无害化指数。

34. “3R”原则

垃圾管理遵循的循环经济原则，即减量（Reduce）、再利用（Reuse）、再生循环（Recycle）的简称。

35. “3C”原则

生活垃圾污染控制的原则，即避免产生（Clean）、综合利用（Cycle）、妥善处置（Control）的简称。

36. “4R1D”原则

减少环境污染、减小能源消耗，产品和零部件的回收再生循环或者重新利用的原则，即减量（Reduce）、再利用（Re-use）、再循环（Recycle）、获得新价值（Recover）、可降解

(Degradable) 的简称。

37. “5R” 原则

环保生活方式及资源垃圾分类回收的原则，即减量（Reduce）、循环利用（Recycle）、维修保养（Repair）、拒绝（Refuse）、重复使用（Reuse）的简称。

38. 综合利用

从固体废物中提取物质作为原材料或者燃料的活动。综合利用管理在回收资源和能源的过程，以使资源对废物污染进行控制。

39. 循环经济

一种以物质闭环流动为特征的经济模式，一改传统的以单纯追求经济利益为目标的线性（资源—产品—废物）经济发展模式为“资源—产品—废物—资源”的封闭循环过程，以使资源得到最大限度的合理、高效和持久的利用，并把经济活动对自然环境的影响降低到尽可能小的程度，从而形成“低开采、高利用、低排放”的新型经济发展模式，形成“资源—产品—再生资源”的正反馈的垃圾管理模式。该循环经济一般强调循环再生原则和废物最小化原则。

40. 循环再生原则

在城市的生态系统内部形成一套完整的生态工艺流程。在这个生态工艺流程中，要求每一组分既是下一组分的“源”，又是上一组分的“汇”，即在系统中不再有“因”和“果”之分，也没有“资源”和“废物”之分。所有的物质都将在其中得到循环往复和充分利用。循环再生原则是循环经济理念下固体废物管理中必须遵循的重要调控原则之一。它包括生态系统内物质循环再生、能量梯级利用、时间生命周期、气候变化周期、信息反馈、关系网络、因果效应等循环。

41. 固体废物管理

对固体废物的产生、收集、分选、存放、运输、处理以及最终处置实行的系统管理。

42. 固体废物综合管理

利用各种废物管理技术对废物流进行管理、处理和处置，包括源减量、废物再循环、堆肥、焚烧、填埋等各种措施，最终实现废物量最小化的目标。

对固体废物的产生、收集、分选、存放、运输、处理以及最终处置实行的系统管理。

43. 废物最小化原则

在工业生产过程中，通过产品变换、生产工艺改革、产业结构调整以及循环利用等途径，使其在贮存、处理、处置之前排出废弃物的产生量最小，以达到节约资源，减少污染和便于处理处置的目的。它包括降低城市生活和生产过程中产生的废物量的最小化和降低资源的损耗的最小化。

44. 废物回收

废物经过一定的处理工序实现回收再利用的过程。在生产、加工、疏通、消费等过程中产生的废物，具有污染物和资源的两重性。现阶段我国对废金属、废塑料、废纸、破布、废旧设备等废物，在各大中城市都没有比较完备的回收利用系统。

45. 废物交换

一个企业产生的副产品（废物）作为另一个企业的原材料，实现物质闭路循环和能量多级利用的工业生态系统。它是废物资源化的一种手段。

46. 垃圾资源回收

通俗表述为“垃圾是放错位置的资源”。即从垃圾中分离出来的有用物质进行物理或机械加工成为再利用的制品。垃圾中的有些物质，如果得到恰当的回收、处理，就可以避免大量的资源损耗。

47. 可回收利用

将废弃物作为资源或原材料加以再利用。它包括多种方式，如重复使用、再生利用、堆肥、热能利用等。无论是可再生利用、可重复使用还是可降解，都是比较环保的表现，但都必须结合市场状况、运输路途、管理措施等具体条件，来判断哪一种更为优越。

48. 可重复使用

不止一次使用某种产品。它包括再次使用某种产品的相同功能，如啤酒玻璃瓶回收后经清洗再次使用，以及轮胎的翻新再使用等和赋予该产品新的功能而再次使用，从而开始新的功能周期。重复使用只是对使用过的产品进行收集和交换，无须再加工，可以节省时间、金钱、能源和资源。但重复使用的环保性还需要综合考虑多方面因素，如运输、清洗等过程中的能耗等。因此，无论是可重复使用、可再生利用还是可循环再造，都是比较环保的表现，但都必须结合市场状况、运输路途、管理措施、处理技术等具体条件，来判断哪一种更为优越。

49. 排污权

又称排放权，即排放污染物的权利。它是指排放者在环境保护监督管理部门分配的额度内，并在确保该权利的行使不损害其他公众环境权益的前提下，依法享有的向环境排放污染物的权利。

50. 排污权交易

在环境保护部门的监管下，各个排污主体将持有的排污指标在符合交易法规的条件下进行有偿转让，且权利主体通过转让排污权获取利益的行为。例如：在一个有额外排污削减份额的公司和需要从其他公司获得排污削减份额以降低其污染控制成本的公司之间的自愿交易。它以一定地区在一定期限内污染物总量的控制为前提和目标，充分有效使用当地的环境容量资源，以经济政策和市场调节手段鼓励企业通过技术进步减少污染，进而进行企业间的排污权买卖行为，最大限度减少治理污染的成本，提高治理污染效率的一种控制污染的环境保护手段。

51. 许可证制度

凡对环境有影响的开发、建设、排污活动以及各种设施的建立和经营，均须由经营者向主管机关申请，经批准领取许可证后方能进行。这是国家为加强环境管理而采用的一种行政管理制度。

52. 排污许可证

企业、事业单位直接或者间接向环境排放各类污染物时，应当按照规定取得排污许可的凭证。

53. 排污许可制度

国家为加强环境管理而采用的一种行政管理制度。即建立和经营各种设施时，其排污的种类、数量和对环境的影响，均需由经营者向主管机关申请，经批准领取许可证后方能进行排污。

54. 风险预防

在环境污染发生前，为了消除或减少可能引发环境污染的各种因素而采取的一种风险处理方式。

55. 清洁生产

将整体预防的环境战略持续应用于生产过程、产品和服务中，以期增加生产效率并减少对人类和环境的风险。生产过程指节约原材料，淘汰有毒原材料，并在生产过程排放垃圾之前减降垃圾的数量和毒性。产品方面指减少从原材料的提炼到产品的最终处置的全生命周期的不利影响。服务方面要求环境因素纳入设计和所提供的服务中。

56. 固体废物管理的经济政策

运用经济手段管理固体废物。目前我国在此方面的力度不大，但是未来将向此方面发展。固体废物管理的经济政策有多种，比较普遍的有“排污收费”政策、“生产者责任制”政策、“押金返还”政策、“税收、信贷优惠”政策、“垃圾填埋费”政策等。

57. 垃圾处理费用

垃圾进行减量化、无害化、资源化处理的成本。主要包括对居民和单位产生的生活垃圾收集、清运和处置的费用。城市生活垃圾处理费的收费范围是城区范围内所有产生生活垃圾的国家机关、企事业单位、个体经营者、社会团体、城市居民和城市暂住人口等，均应按规定缴纳城市生活垃圾处理费。生活垃圾处理费对不断完善环卫基础设施建设，提高城市市容环境卫生质量起到了积极的作用，它对提高市民的环境卫生意识，自觉维护城市环境卫生也具有十分重要的意义。

58. 排污收费制度

排污收费制度，也被称为征收排污费制度，是指国家环境保护行政主管部门对向环境排放污染物或者超过国家或地方排放标准排放污染物的排污者，按照所排放的污染物的种类、数量和浓度，征收一定费用的管理制度。它是运用经济手段有效地促进污染治理和新技术的发展，使污染者承担一定污染防治费用的法律制度，是“污染者负担”原则的具体体现。

59. 污染者付费

一切向环境排放污染物的单位和个体经营者，应当依照政府的规定和标准缴纳一定的费用，以使其污染行为造成的外部费用内部化，即污染者为其造成的污染直接或者间接支付费用。污染者付费原则可以促使污染者采取措施控制污染物或减少污染物的排放。

60. 排污收费

国家运用经济手段对排放污染物的组织和个人（即污染者）所征收的费用，它是实行征收排污费的一种制度，也是控制污染的一项重要环境政策。

61. 生产者延伸责任

生产者在产品生产之后应继续对产品承担的责任，特别是产品废弃后的回收和处置责任。生产者延伸责任制度是促进生活垃圾减量化的重要管理措施，有利于废物的再生利用和生活垃圾的源头减量。

62. 押金返还制度

消费者在购买物品时，除了需要支付产品本身的价格外，还需要支付一定数量的押金，产品被消费后，其产生的废弃物回收到指定的地点时，可赎回已经支付的押金。

63. 税收、信贷优惠政策

通过税收的减免、信贷的优惠，鼓励和支持从事固体废物管理的企业，促进环保产业的长期稳定和发展。

64. 垃圾填埋费政策

亦称为“垃圾填埋税”，指对进入填埋场最终处置的垃圾进行再次收费。

65. 单位面积清扫费用

每清扫单位面积所需要的清扫费用。

66. 生活垃圾清运平均费用

每清运一吨生活垃圾需要的平均费用。

67. 生活垃圾处理平均费用

每处理一吨生活垃圾需要的平均费用。

68. 土地经济损失

垃圾堆放侵占土地而引起土地经济损失的费用。即 $L_{土} = \sum_{i=1}^{n} a_i \times c_i$，式中：$L_{土}$—被占用土地的经济损失费用，元/年；$a_i$—占地面积，亩；$c_i$—土地面积的价格，元/亩。

69. 农作物经济损失

垃圾造成土壤污染而引起土壤农作物经济损失的费用。即 $L_{农} = \sum_{i=1}^{n} A_i(y_i \times c_i + y'_i \times c'_i) + \sum_{j=1}^{n} A_j(\Delta y_j \times c_j + \Delta y'_j \times c'_j)$，式中：$L_{农}$—被污染的土壤引起农作物损失费用，元/年；$A_i$，$A_j$—污染较严重的土地及受影响的土地面积；$y_i$，$y'_i$—某农作物主、副产品产量，千克/亩；$\Delta y_j$，$\Delta y'_j$—某农作物主、副产品减产量，千克/亩；$c_i$，$c'_i$，$c_j$，$c'_j$—某农作物主、副产品价格，元/千克；$n$—农作物种类。

70. 生态经济损失

垃圾对生态环境的污染引起生态破坏的经济损失费用。即 $L_{生} = \sum_{i=1}^{n} (a_i \Delta y_i \times c_i + N_i \times B_i)$，式中：$L_{生}$—生活垃圾对生态造成污染的经济损失，元/年；$n$—影响生态类别；$a_i$—某生态的影响面积，亩；$\Delta y_i$—生态损失量，千克/亩或立方米/亩；$c_i$—生态产品的价格，元/千克；$N_i$—某种野生动物、畜牧或珍稀野生动植物头数，头或株；B_i—某种野生动物、畜牧或珍稀野生动植物生命价值，元/头或株。

71. 水资源损失

垃圾堆积影响地下水水质及下游河段的取水，使水井和取水口报废而造成的经济损失费用。即 $L_{水} = P_0 \times Q \times L_{0水}$，式中：$L_{水}$—断水经济损失，元/年；$P_0$—影响人口数，人；$Q$—人均生活用水量，吨/年；$L_{0水}$—单位供水量经济损失，元/吨。

72. 灌溉面积损失

垃圾污染农作物灌溉水而引起灌溉面积减少造成的经济损失。即 $L_{灌} = \sum_{i=1}^{n} A_i(\Delta y_i \times c_i + \Delta y'_i \times c'_i)$，式中：$L_{灌}$—影响灌溉面积，亩；$\Delta y_i$、$\Delta y'_i$—受污染水灌溉后主副产品减产量，千克/亩；$c_i$、$c'_i$—农作物主副产品价格，元/千克；$n$—农作物种类。

73. 卫生保洁费

单位、居民向物业（居委会）组织的居住区或辖区内环境卫生服务而支付的费用。不同环境水平、居住水平的居住区（辖区），由于提供的环境卫生服务质量有差异（这在公共经济学中称为“俱乐部”产品），其单位、居民交付的卫生保洁费可以有所差异。

74. 生活垃圾处理费

单位、居民为在日常生活中产生或为城市日常生活提供服务中产生的生活垃圾所交纳的服务费用。处理费的收费标准是按照补偿垃圾收集、运输和处理成本，合理盈利的原则核定的，而且对居民、对单位是相对统一的。

75. 延伸生产者责任制

即将生产者责任延伸至整个产品生命周期，包括产品的回收、再循环与处置。

76. 垃圾定额收费

生活垃圾收费的一种基本方式，是以住户（或个人）为收费单位，按统一的费率每年或每月征收垃圾处理费用，目前中国开征垃圾处理费的城市大都采用此方式。

77. 垃圾计量收费

生活垃圾收费的一种基本方式，是以每户（或个人）产生垃圾数量的多少征收垃圾处理费用，依据处理单位（重量、体积或二者兼顾）生活垃圾所需的费用作为收费标准的收费方法。

78. PAYT（Pay as you throw）制度

根据居民产生垃圾的多少及分类程度收取一定的垃圾处理费的制度，即一种计量收费制度。最普遍的做法是在垃圾袋上粘贴标签或标牌，用户必须将相应标签或标牌贴或系在一定容量的垃圾袋上才能被收运。

79. 污染者付费原则

污染者必须承担其所排放的垃圾的清除和削减污染后果的费用。

80. 废物包装

为了便于运输、处理和处置，保证安全和不污染环境，对不同类型的废物进行相应的包装，包装容器的材料应与所盛废物相适应，要有足够的强度，保证在装卸运输过程中不易破裂、散落、渗漏及释出臭味或有害气体。

81. 绿色包装

以天然植物和有关矿物质为原料研制成对生态环境和人类健康无害，有利于回收利用，易于降解、可持续发展的一种环保型包装，又称为无公害包装和环境之友包装（Environmental Friendly Package）。绿色包装是为了降低包装废物发生量和鼓励包装物再利用与再循环而进行的政府行动。

82. 过度包装

包装的耗材过多、分量过重、体积过大、装潢过于华丽、说辞过于溢美、成本过高，远远超出产品包装的基本需要的包装。过度包装会制造大量垃圾，浪费资源、污染环境、危害社会利益，于国家、社会和个人都是有百害而无一利的，应坚决予以杜绝。

83. 复合包装

采用复合材料作为包装物的包装。一般复合材料是两种或两种以上材料，经过一次或多次复合工艺而组合在一起，从而构成一定功能的复合材料。一般可分为基层、功能层和热封层。基层主要起美观、印刷、阻湿等作用。如 BOPP、BOPET、BOPA、MT、KOP、KPET 等；功能层主要起阻隔、避光等作用，如 VMPET、AL、EVOH、PVDC 等；热封层与包装物品直接接触，起适应性、耐渗透性、良好的热封性，以及透明性、开日性等功能，如 LDPE、LLDPE、MLLDPE、CPP、VMCPP、EVA、EAA、E－MAA、EMA、EBA 等。

84. 包装废物源头减量

减少包装废物源头产生的各种措施。如绿色包装（用可再生包装材料替代不可再生包装材料），易于回收、分离和再利用的包装材料替代回收、分离、再利用困难的包装材料，在满足商品包装的保护、宣传等功能和消费者需求的前提下，在包装产品的设计、制造工艺及原材料使用中，尽可能减少包装材料的使用量、防止过度包装，降低一次性产品使用率，达到减少资源与能源的消耗、降低生态环境污染风险。

85. 包装废弃物的资源化技术

通过机械、化学等方法处理包装废弃物材料的再生利用技术。它主要包括再生技术、热处理油化技术、加工成衍生燃料（RDF）焚烧能源化利用技术以及其他化学处理技术等。

86. 绿色物流

以有效的物质循环为核心，使物流过程中的废物量达到最少，并尽可能使废物处理实现无害化与资源化的物流方式。绿色物流从物流活动的开始就注意防止环境污染，以降低能耗、减少环境污染为目标。

87. 再生骨料混凝土

以废混凝土、废砖块、废砂浆作骨料，加入水泥砂浆拌制的混凝土，也简称再生骨料。

88. 绿色混凝土

既能减少对地球环境的负荷，又能与自然生态系统协调共生，为人类构造舒适环境的混凝土材料。它具有节约资源、能源，不破坏环境，更有利于环境的优点。一般说来，绿色混凝

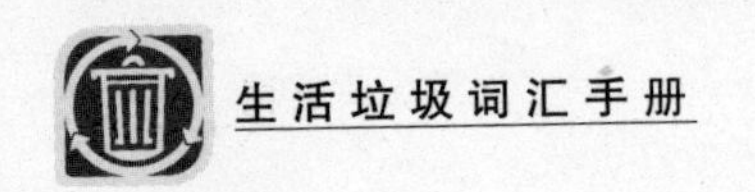

土应具有比传统混凝土更高的强度和耐久性，可以实现非再生性资源的可循环使用和有害物质的最低排放，既能减少环境污染，又能与自然生态系统协调共生。绿色混凝土主要分为绿色高性能混凝土、再生骨料混凝土、环保型混凝土及机敏型混凝土等。

89. 绿色高性能混凝土

将高性能混凝土与环境保护、生态保护和可持续发展结合起来考虑的混凝土。绿色高性能混凝土是节能型混凝土，所使用的水泥必须为绿色水泥。

90. 环保型混凝土

既满足现代人的需求，又考虑环境因素，有利于资源、能源的节省和生态平衡的混凝土。它具有低碱、透水、透气等功能。

91. 机敏混凝土

一种具有感知和修复性能的混凝土，是智能混凝土的初级阶段，是混凝土材料发展的高级阶段。

92. 智能混凝土

在混凝土原有的组成基础上掺加复合智能型组分，使混凝土材料具有一定的自感知、自适应和损伤自修复等智能特性的多功能材料，根据这些特性可以有效地预报混凝土材料内部的损伤，满足结构自我安全检测需要，防止混凝土结构潜在的脆性破坏，能显著提高混凝土结构的安全性和耐久性。近年来，损伤自诊断混凝土、温度自调节混凝土及仿生自愈合混凝土等一系列机敏混凝土的相续出现，为智能混凝土的研究和发展打下了坚实的基础。

93. 自诊断智能的混凝土

具有压敏性和温敏性等性能的混凝土。在混凝土基材中掺入部分导电组分制成的复合混凝土可具备自感应性能。目前常用的导电组分可分为3类：聚合物类、碳类和金属类，而最常用的是碳类和金属类。碳类导电组分包括石墨、碳纤维及碳黑；金属类材料则有金属微粉末、金属纤维、金属片及金属网等。

94. 自调节机敏混凝土

具有电力效应和电热效应等性能的混凝土。

95. 再生木

用木纤维同塑料混合加温融合注塑而成的材料。

96. 透水砖

一种砖体本身布满透水孔洞，渗水性很好的路面砖。

97. 净菜上市

净菜也称新鲜消毒蔬菜，即用新采摘的蔬菜，经过整理（如去掉不可食部分、切分等）、洗涤、消毒等加工操作，在无菌环境中，真空包装而制成的一种清洁蔬菜产品销售的方式。净菜上市是菜篮子工程的要求之一。它可以大大减少“垃圾进城”，减少城市的蔬菜垃圾量，实现源头垃圾减量。

98. 一次性用品

只能使用一次的塑料制品或木制品等。一次性用品范围很广，如一次性饭盒、一次性筷子、一次性鞋套、一次性杯子、避孕套、鞋垫、马桶垫等。

99. 低碳生活

生活作息时所耗用的能量要尽力减少，从而降低碳，特别是二氧化碳的排放量，从而减少对大气的污染，减缓生态恶化的生活方式。它主要是从节电、节气和回收三个环节来改变生活细节。

100. 材料再生

再生资源中可回收加工成原材料的那部分资源，不包括能源、水等更广泛意义上的资源。垃圾焚烧、堆肥等资源利用途径也不属于再生材料的范畴。各种废弃物中，可进行材料回收再生的范围非常广泛，可以发展的再生材料主要有以下七种：废金属、废纸、废塑料、废橡胶、废建材以及电子废物类（包括废旧家电、废旧手机电脑等其他电子产品、废旧汽车等）。

101. 环境影响评价

依据国家有关环境保护的法律、法规和标准，对拟建工程项目在建设中和投产后排出的废气、废水、灰渣、噪声及排水对环境的影响以及需要采取的措施进行预测和评估，并提出书面报告。

102. 拾荒者

俗称的捡废品拾破烂的人。拾荒者大多无依无靠，靠在街上捡拾可回收的东西来维持生活。拾荒者使城市回收再利用事业得以开展并运作，保护和维护了城市的卫生，实现了资源的可再生与利用。

103. 重金属污染

对某一确定体系，当垃圾、垃圾腐化或处理处置产生的污染物中的重金属含量超过允许的范围，所造成的对环境和人体的危害现象。

104. 白色污染

人们随意在自然界中抛弃垃圾中的废旧塑料包装制品（袋、薄膜、农膜、餐盒、饮料瓶、包装填充物等)，飘挂在树上，散落在路边、草坪、街头、水面、农田及住地周围等随处可见的污染环境现象。

105. 恶臭

垃圾给人以不快感、厌恶感的气味。

106. 恶臭污染物

垃圾中一切刺激嗅觉器官引起人们不愉快及损坏生活环境的气体物质。

107. 恶臭公害（恶臭污染)

由垃圾中恶臭物质导致的环境污染，对人类生活和健康造成的危害现象。

108. 臭气阈值

人体对每种臭气的最低嗅知极限。

109. 臭气阈值浓度

达到嗅知极限臭气的浓度。

110. 空气污染指数

将常规监测的几种空气污染物浓度简化成为单一的概念性指数值形式，并分级表征空气污染程度和空气质量状况，适合表示城市的短期空气质量状况和变化趋势。

111. 产业化

以垃圾为处理对象的事业体的集合。即以市场为导向，把政府统管的公益性行为转变成政府引导与监督、非政府组织参与和企业运营的企业行为，把被分割成源头、中间和末端的垃圾处理产业链整合成一个完整的产业体系。“以垃圾为处理对象”包含将垃圾作为直接处理对象（原材料）和间接处理对象两重意思。垃圾处理产业涉及从“源头”到“末端”全过程的垃圾的处理，涉及有用垃圾的加工处理和无用垃圾的处置，涉及垃圾衍生品的开发利用，不仅包括现有垃圾的处理，还包括源头垃圾性质和产量的控制。

112. 静脉产业

垃圾回收和再资源化利用的产业又被称为“静脉经济”“第四产业”。其实质是运用循环经济理念，有机协调当今世界发展所遇到的两个共同难题——“垃圾过剩”“变废为宝”，通过垃圾的再循环和资源化利用，最终使自然资源退居后备供应源的地位，自然生态系统真正进入良性循环的状态。

113. 垃圾处理产业

以垃圾为处理对象的事业体的集合。所谓“以垃圾为处理对象”包含将垃圾作为直接处理对象（原材料）和间接处理对象两重意思。垃圾处理产业涉及从“源头”到“末端”全过程的垃圾的处理，涉及有用垃圾的加工处理和无用垃圾的处置，涉及垃圾衍生品的开发利用，不仅包括现有垃圾的处理，还包括源头垃圾性质和产量的控制。垃圾处理产业的产品主要有三大类：物质资源、环境资源和垃圾处理服务。

114. 跳蚤市场

欧美等西方国家对旧货地摊市场的别称。由一个个地摊摊位组成，市场规模大小不等、管理松散。出售商品多是旧货、人们多余的物品及未曾用过但已过时的衣物等，小到衣服上的小装饰物，大到完整的旧汽车、录像机、电视机、洗衣机，一应俱全，应有尽有。价格低廉，仅为新货价格的10%～30%。

115. 废物回收公司

由政府指派，根据废物回收法的要求推动相关行业基金组织建立的指定废物回收处理再利用的公司。

116. 物质资源

物质资源的初生态就是未经处理或加工的回收物质，高级形态是二次原料（包括二次能源）。

117. 环境资源

自然、人文和生态环境的环境容量资源，垃圾处理产业通过对垃圾无害化、资源化和减量化处理减少了排入环境的污染物量，亦即减少了对环境容量的占用，为生产和消费持续发展提供了可能。

118. 垃圾危机

大量的，甚至达到囤积的垃圾无法全部处理，且处理指标的急剧和超负荷率的恶化，严重地影响了居民的生活。

119. 垃圾围城

随着城市垃圾产生量的不断增加，在城乡结合部大量垃圾沿着城市外围堆置或存放在城市外围的现象。建设部2006年调查表明，全国600多座城市，有1/3以上被垃圾包围。全国城市垃圾堆存累计侵占土地5亿平方米，相当于75万亩。

120. 垃圾票

政府发行一种与邮票类似的“垃圾票”放在超市出售。凡是营利和非营利单位的“事业类垃圾”和家庭大件垃圾，倒垃圾的人都要按照垃圾体积的大小和种类，购买足额的垃圾票贴好，并写上自己的姓名，在指定时间里送到指定地点丢弃。至于家庭的生活垃圾，为了不过分增加居民负担，目前暂不收费。

121. 垃圾分类专员

街道、社区里宣传垃圾分类、指导居民进行正确垃圾分类的工作人员。他们的工作职责有组织一些垃圾分类讲座、向居民进行垃圾分类宣传、负责检查登记现有的垃圾分类设施、社区里的垃圾分类工作现状、向街道和区城管局等反馈实际信息、帮助社区落实垃圾分类的各项措施等。

122. 邻避冲突

城市居民在自利动机和社区保护意识高涨下与政府所产生的各类环境冲突。一般冲突的焦点主要是建设项目对社区的环境污染问题。如垃圾掩埋场、焚化厂、火力发电厂、核能电厂等；目前解决邻避冲突办法通常是政府与其他行动者（冲突的利益相关者）在互信、互利、相互依存基础上进行持续不断的协调谈判、参与合作、求同存异的过程。

123. 环境权

特定的主体对环境资源所享有的法定权利。对公民个人和企业来说，是享有在安全和舒适的环境中生存和发展的权利，主要包括环境资源的利用权、环境状况的知情权和环境侵害的请求权。对国家来说，环境权是国家环境资源管理权，是国家作为环境资源的所有人，为了社会的公共利益，而利用各种行政、经济、法律等手段对环境资源进行管理和保护，从而促进社会、经济和自然的和谐发展。

124. 公众参与

社会群众、社会组织、单位或个人作为主体，在其权利义务范围内有目的的社会行动。

125. 生活垃圾“零废弃”

从源头采取有效措施避免和减少垃圾产生，并对产生后的垃圾妥善分类回收处理，提高垃圾减量化率和资源化率，达到减少废弃、物尽其用的目标。生活垃圾“零废弃”是保护生态环境、保障城市安全运行、实现经济社会可持续发展的重要内容，是建设绿色城市、推进资源节约型和环境友好型城市的重要举措。生活垃圾“零废弃”应当在生活垃圾管理中做到“能减尽减、能分尽分、能用尽用”，垃圾产生量应得到有效控制，优先采取就地减量化和资源化处理方式。

126. 能减尽减

在日常工作生活中，采购和使用有利于减少垃圾产生的物品，提倡重复使用、减少浪费、厉行节约，最大化减少废物产生量的方法。

127. 能分尽分

垃圾在产生后，按照规定的方法和标准，对生活垃圾进行源头分类收集的方法。

128. 能用尽用

对产生的餐厨（厨余）、果蔬、园林垃圾优先采取就地资源化处理的措施，可回收物和其他垃圾交由具备行政许可资质的专业企业进行收集处理利用的方法。

129. 限塑令

2008 年 6 月 1 日在全国范围内禁止生产、销售、使用厚度小于 0. 025 毫米的塑料购物袋的通告。自 2008 年 6 月 1 日起，我国在所有超市、商场、集贸市场等商品零售场所实行塑料购物袋有偿使用制度，一律不得免费提供塑料购物袋。

130. 生活垃圾双重性

不加处理排入环境并对环境产生不良影响和经过资源化处理又会变为可再生利用资源的性质。由于现行收集的粗放化，造成大量有用物质难以被分选出来而没有得到充分利用，同时大量有害物质未经分类处理又直接进入生活垃圾处理处置场，增大了资源化、无害化处理的难度，造成既在的、潜在的环境污染，加剧了生活垃圾处理处置场的负担。

131. 垃圾的双向回收系统

零售商、制造商和包装商及其原料供应商为避免建立各自复杂的产品包装押金返还和回收系统及其需要的巨额投入而建立的一个专业的回收系统。该系统能使消费者丢弃的包装废弃物直接进入一个再加工处理系统，既提高回收利用的效率，又降低了零售商、制造商和包装商的投入。

132. 自动缴费

垃圾产生者自行定期向收费机构缴纳处理费的收费方式。

133. 上门收缴

由主管部门（机构）派专人定时或约时登门收取垃圾处理费的收费方式。这是目前国内很多城市或地区较普遍采用的收缴方式，但实施效果并不好。

134. 委托代收

以稳定且操作性好的系统（水、电、煤气）为收费载体，委托相应收费机构代收垃圾处理费。委托代收方式解决了计量定价和收缴两方面的问题，代表了目前实施垃圾处理收费制度的主导操作方式。委托代收又可根据收缴中是否对缴费对象进行区别将收费分为“捆绑式”和“搭车式”两种。前者突出“捆绑”，只是将垃圾费附加于某种载体上，对使用者不作区分，按照统一标准收缴；后者则突出“代收”的特质，对用户进行区别，由环卫部门逐月逐户计量核定，按不同标准由其他收费载体代收。

135. 前段源头“买卖”

居民将较干净的资源性（可回收）垃圾作为废品，经过与回收部门的“买卖”交易实现减量的管理方式。

136. 中段“捡拾”

拾荒人员在垃圾收运过程中，在混合垃圾中的“捡拾”行为，并将废品送去回收的管理方式。

137. 末段“分选”

垃圾收运处理过程中对混合垃圾的专业性“分选”的管理方式。它包括人工分选和机械分选两种方式。

138. 垃圾定额收费制

收取固定金额的垃圾处理费的方法。由于收费金额与垃圾排出量无关，该方法实施简单，成本较低，管理难度也较小。一般采取按户收费、按人头收费、按住宅面积收费等方式。我国目前主要采取的还是定额收费制。

139. 垃圾从量收费制

按照垃圾排出量计算交费额度的方法。由于与排出量相关，其操作成本较高、管理难度较大，需要配套完善的生活垃圾收集设施。另外，减量化效果越好，收费金额可能就越少，收入的变动性也会给市政建设的预算带来困难，还可能发生随意倾倒现象。收费形式一般有按容积收费、按重量收费、按垃圾袋收费、使用垃圾处理券（不干胶标签）等。

140. 体积计量收费制

以居民使用的垃圾容器的数量和尺度为垃圾收集（通常通过直接填表）收费依据的方法。有些地区直接依据置出垃圾袋的数量交费。有的则要求居民购买专用的垃圾袋、标签或标贴，购买价格中即包括垃圾收集成本。

141. 重量计量收费制

垃圾在路边称重，居民根据重量支付收集和处理费的方法。重量计量收费制对垃圾减量提供了最直接的刺激，居民避免产生、循环使用或堆肥利用的垃圾都导致直接的垃圾减量。居民一般认为该种收费制度更为公平，从而易于理解和接受。

142. 垃圾税

以垃圾（或叫固体废物）为课税对象的税种。垃圾税税率为定额税率，课税对象是工业垃圾和生活垃圾。纳税人为产生垃圾的企事业单位和公民个人。垃圾税是以抑制环境污染为目的的新增税种。

143. 零填埋

以彻底减少垃圾排放，避免垃圾进行填埋处理的一种垃圾管理流程。

垃圾收运篇

1. 生活垃圾存放和贮存

在城市生活垃圾运输前，垃圾的产生者必须将各自所产生的垃圾存放到贮存容器，并暂时贮存起来的过程。它包括垃圾的存放和贮存两个操作过程。垃圾存放指垃圾由产生源被放置、搬运到贮存点的过程；垃圾贮存指垃圾在贮存点暂时保存起来的过程。垃圾的存放和贮存是整个垃圾收运管理的第一步，它对居民健康、城市环境卫生、城市容貌以及后续操作有重要影响。

2. 垃圾分类贮存

根据各类城市垃圾的种类、性质、数量以及处理工艺等因素，由垃圾产生者或环卫部门将垃圾分为不同种类进行贮存管理。分类贮存的最大优点是有利于垃圾的资源化利用，可以在一定程度上减少城市垃圾的处理成本，还可以降低某些垃圾对环境存在的潜在危害。

3. 垃圾贮存容器

暂时性贮存生活垃圾的器具，分为容器式和构筑物式两大类型。其中，构筑物式垃圾贮存容器主要存在于垃圾转运站和一些公共垃圾集装点。容器式垃圾贮存容器应用范围广泛，这类贮存容器分类方法很多，常见的有：按使用方式分为固定式和活动式；按容器形状分为方形、圆形和柱形等类型；按制造材料分为塑料和金属贮存容器两大类；按贮存时间长短分为临时、长时间贮存容器；按容量大小分为小型、中型和大型贮存器等。

4. 垃圾容器配备

根据公共场所的服务范围面积大小、居民人数、垃圾类型、垃圾人均产量、垃圾容重、容器大小和收集频率等因素来确定垃圾容器的数量。

5. 垃圾容器数量

垃圾收集点所需设置的垃圾容器数量。它分为平时所需设置的垃圾容器数量和垃圾高峰时所需设置的垃圾容器数量。即 $N_{ave}=\frac{V_{ave}A_4}{EB}$ 和 $N_{max}=\frac{V_{max}A_4}{EB}$，式中：$N_{ave}$—平时所需设置的垃圾容器数量；$N_{max}$—生活垃圾高峰日所需设置的垃圾容器数量；$V_{ave}$—生活垃圾平均日排出体积（$m^3/d$）；$V_{max}$—生活垃圾高峰日排出最大体积（$m^3/d$）；$E$—单只垃圾容器的容积（$m^3$/只）；$B$—垃圾容器填充系数，$B=0.75\sim0.9$；$A_4$—生活垃圾清除周期，（d/次）；当每日清除 1 次时，$A_4=1$；每日清除 2 次时，$A_4=0.5$；每 2 日清除 1 次时，$A_4=2$，以此类推。

6. 生活垃圾日排出体积

生活垃圾收集点收集范围内的生活垃圾日排出的体积。它分为生活垃圾平均日排出体积和生活垃圾高峰日排出最大体积。即 $V_{ave}=\frac{Q}{D_{ave}A_3}$ 和 $V_{max}=KV_{ave}$，式中：V_{ave}—生活垃圾平均日排出体积（m^3/d）；V_{max}—生活垃圾高峰日排出最大体积（m^3/d）；Q—生活垃圾日排出重量（t/d）；A_3—生活垃圾密度变动系数，$A_3=0.7\sim0.9$；D_{ave}—生活垃圾平均密度（t/m^3）；K—生活垃圾高峰日排出体积的变动系数，$K=1.5\sim1.8$。

7. 生活垃圾日排出重量

生活垃圾收集点收集范围内的生活垃圾日排出的重量。$Q=RCA_1A_2$，式中：Q—生活垃圾日排出重量（t/d）；R—收集范围内居住人口数量（人）；C—预测的人均生活垃圾日排出重量（t/人·d）；A_1—生活垃圾日排出重量不均匀系数，$A_1=1.1\sim1.5$；A_2—居住人口变动系数，$A_2=1.02\sim1.05$。

8. 贮存管理

城市公共场所、居民家庭以及垃圾转运站等地方配备一定数量的垃圾贮存容器或设施，对垃圾进行科学的管理。一般城市垃圾贮存分为家庭贮存、单位贮存、公共贮存和转运站贮存。

9. 家庭贮存

运用一些贮存容器（塑料垃圾桶、金属垃圾桶、塑料袋和纸袋等）对居家生活产生的垃圾进行暂时贮存的过程。

10. 单位贮存

城市各类企事业单位所产生的垃圾贮存过程。一般单位贮存垃圾应当根据经济、技术条件对其产生的垃圾加以利用；对暂时不利用或者不能利用的垃圾，必须按照国务院环境保护行政主管部门的规定建设贮存设施、场所，安全分类存放，或者采用无害化处置措施。

11. 公共贮存

在城市街道、公园、广场等公共场所配备的贮存容器贮存垃圾的过程。

12. 转运站贮存

为适应城市生活垃圾及清运管理工作需要而设的垃圾转运站暂时贮存垃圾的过程。

13. 废物箱

设置于道路两侧或路口以及各类交通客运设施、公共设施、广场、社会停车场等的出入口附近供行人丢弃废物的容器。废物箱应美观、卫生、耐用，并能防雨、抗老化、防腐、阻燃。便于废物的分类收集，并有明显标识并易于识别。一般商业、金融业街道废物箱的设置间隔为 50～100m；主干路、次干路、有辅道的快速路废物箱的设置间隔为 100～200m；支路、有人行道的快速路废物箱的设置间隔为 200～400m。

14. 垃圾箱（垃圾桶）

收集家庭、单位产生的生活垃圾的容器。目前垃圾箱（桶）按材质区分分为金属、塑料和复合材料；按颜色区分为蓝色、绿色、红色、灰色等，如可回收物类垃圾容器为蓝色，色标为 PANTONG 647CVC；厨余类垃圾容器为绿色，色标为 PANTONG 356CVC；有害类垃圾容器为红色，色标为 PANTONG 703CVC；其他类垃圾容器颜色为灰色，色标为 PANTONG 5477CVC。

15. 固定式垃圾箱

不可移动位置的垃圾箱。

16. 垃圾集装箱

具有标准规格，便于水运或陆运，并可供周转使用的大型垃圾贮存容器，分为标准集装箱和专用集装箱两类。标准集装箱是指符合国际标准尺寸的集装箱，一般应用于环卫作业的大都是20英寸标准集装箱。专用集装箱是指专为环卫垃圾收集运输作业设计的集装箱。其结构、尺寸、容量将根据其使用条件和运输方式而有各种规格和形式。

17. 智能垃圾箱

一个包含称重仪表，记忆卡和网络系统的垃圾箱。

18. 垃圾袋

装垃圾的袋子。垃圾袋给千家万户带来不小的方便，为环境保护提供了重要的保障，甚至有利于垃圾回收分类。

19. 垃圾房

一般设置存放多个垃圾桶、垃圾箱，并占用一定空间存放垃圾的设施。

20. 垃圾堆放场

没有配套的处理设施、设备的垃圾裸露堆放场所。

21. 分类收集

指具备行政许可条件的企业或区县环卫服务中心进行的分类收集作业。对分类容器中的分类垃圾采用电动（瓶）车、载桶式三轮车进行分类收集送至具备分类功能的密闭式清洁站，或者采取垃圾分类运输车巡回收集直接运输的形式。

22. 分类运输

承担收运服务的垃圾收集运输专业作业单位和再生资源回收企业的分类运输作业。分类运输要求安排相应的收集运输工具和车辆，配合做好收运时间、地点和方式的衔接工作，全过程实行分类运输。如可回收物主要由具有专业资质的再生资源回收主体企业或取得从事城市生活垃圾经营性许可资质的企业进行分类运输和回收处理（保密纸张按国家和地方的有关规定处理）；厨余（餐厨）垃圾采取就地处理或交由具备行政许可条件的企业或区县环卫服务中心进行分类运输集中处理。鼓励有条件的小区、单位购置生化处理设备进行就地处理；确保具备设备采购合同、运行记录等资料，设备的选用和管理符合相关规定。其他垃圾由具有资质的专业作业单位，按原有收集运输体系，收运至相应的处理设施进行无害化处理。

23. 垃圾收集点

按规定设置的垃圾收集的地点。即满足日常生活和日常工作中产生的生活垃圾进行分类收集的设施。生活垃圾收集点位置应固定，既要方便居民使用、不影响城市卫生和景观环境，又要便于分类投放和分类清运。生活垃圾收集点的服务半径不宜超过 70m，可放置垃圾容器或建造垃圾容器间；市场、交通客运枢纽及其他产生生活垃圾量较大的设施附近应单独设置生活垃圾收集点。

24. 垃圾收集

对垃圾收集点贮存垃圾进行清运的过程。一般按照垃圾存放形式分为混合收集和分类收集；按照收集过程分为上门收集、定点收集和定时收集；按照收集时间分为定期收集和随时收集；按包装方式分为散装收集和封闭式收集；按照贮存方式分为垃圾袋收集、垃圾箱（桶）收集、垃圾房收集、垃圾集装箱收集等。

25. 混合收集

未经任何处理的原生垃圾混杂在一起的收集方式。其优点是简单易行，运行费用低；缺点是各种垃圾相互混杂，降低了垃圾中有用物质的纯度和再生利用的价值，同时也增加了各类垃圾的处理难度，造成处理费用的增大。从当前的趋势来看，该种方式正在逐渐被淘汰。

26. 分类收集

按照生活垃圾的不同成分、属性、利用价值以及对环境的影响，并根据不同处置方式的要求将垃圾分成属性不同的若干种类，使之更适应于处理与处置的需要的收集方式。优点是提高了回收物质的纯度和数量，减少需要后续处理处置的垃圾量和整个管理的费用及处理处置成本，提高废物中有用物质的纯度，有利于生活垃圾的资源化和减量化，能大幅度降低垃圾的运输和处理费用，缺点是宣传和监督管理等工作投入较大。一般分类收集应遵循工业废物与城市垃圾分开、危险废物与一般废物分开、可回收利用物质与不可回收利用物质分开、可燃性物质与不可燃性物质分开的原则。

27. 上门收集（分户式收集）

直接上门将各户产生的垃圾取走的收集方式。它主要分为居家上门收集和垃圾通道两种。居家上门收集是由小区保洁人员在楼层和单元口进行收集，或作业单位沿街店铺上门收集，送至垃圾房或小型压缩收集站（或居民小区综合处理站）。其主要特点是以密集型劳动力代替密集型收集点，减少了污染点。垃圾通道是在早期建成的中高层建筑常设置垃圾通道，垃圾被住户运至楼梯平台处的投入口内后靠重力落入低层的垃圾间，然后被装车外运。

28. 定点收集

在指定地点收集垃圾的方式。即垃圾收集容器放置于固定的地点，一天中的全部或大部分时间可供居民使用的收集方式，是最普遍的垃圾收集方式。

29. 定时收集

收集单位定时到垃圾产生源收集，采用标准的人力或机械封闭收集车，运至标准的小型垃圾收集站或转运站或处理厂。

30. 垃圾定时收集

在规定时间收集垃圾的方式。即垃圾收运车以固定的时间和路线行驶于居民区中收集垃圾。

31. 定期收集

按固定的时间周期对垃圾进行收集的方式。定期收集可以将暂存的垃圾的危险性减少到最低限度，并可以有计划地调度使用运输车辆，从而有利于处理处置规划的制定。该方式适用于危险废物和大型垃圾（如废旧家具、家用电器等耐久消费品）的收集。

32. 随时收集

对产生量无规律的垃圾，如采用非连续性生产工艺或季节性生产的工厂产生的垃圾的收集方式。

33. 散装收集

利用散装堆放或者袋装堆放将产生的垃圾堆放于露天环境下的收集方式。该种收集方式常带来撒、漏、扬尘等严重污染问题，在我国一些中小型城市的郊区和部分农村仍然存在。

34. 封闭化收集

垃圾存放于袋内或桶（箱）式的收集方式。它是目前应用最为普遍的收集方式。

35. 垃圾袋装收集

将垃圾装入相应袋内的收集方式。

36. 垃圾箱（桶）式收集

垃圾倒入垃圾箱内，由垃圾收集车直接装载垃圾集装箱运输的收集方式。

37. 垃圾房收集

垃圾统一贮存于垃圾房内，由垃圾收集车将垃圾房内的垃圾清运的收集方式。该方式的缺点是，一般稍长时间垃圾房就会产生臭气，滋生蚊蝇。散装垃圾的垃圾房垃圾清扫困难，环卫工人的劳动强度大，且容易造成二次污染。桶装垃圾的垃圾房属于小型密闭化的垃圾收集方式，便于管理，不易造成二次污染。

38. 垃圾集装箱收集

垃圾倒入垃圾集装箱内，由垃圾收集车直接装载垃圾集装箱运输的收集方式。这是以垃圾集装箱为基本设备的密闭化垃圾收集体系，垃圾集装箱设置于住宅区广场、商业区广场和企事业单位内。生活垃圾袋装后直接送入垃圾集装箱内，垃圾装满后，由集装箱调运车运往垃圾转运站或垃圾处理场。

39. 垃圾收集系统

将生活垃圾从分散的产生源汇总，进行初步的分流和分类，然后送至垃圾中转站和处置处理场的过程。

40. 散点垃圾容器收集系统

生活垃圾袋装后由居民送入放置于露天的垃圾容器内，然后由垃圾收集车运往垃圾转运站或垃圾处理点的过程。它适用于疏松的独户居民住宅。

41. 露天垃圾容器收集系统

住宅生活垃圾袋装后由居民送入放置于露天垃圾收集点的垃圾容器内，然后由垃圾车运往垃圾处理场的过程。该收集系统主要利用露天垃圾收集点为基本设施，它适用于疏松型底层住宅区或者较为密集的独户住宅区。

42. 集装箱收集系统

生活垃圾袋装后直接送入垃圾集装箱内，垃圾装满后，由集装箱车运往垃圾转运站或垃圾处理场的过程。该收集系统主要利用以垃圾集装箱为主要设备的密闭化垃圾收集系统，它适用于住宅广场、商业区广场和企业事业单位内。

43. 住宅区垃圾通道收集系统

主要指重力式垂直垃圾道和以垃圾容器间为基本设施的密闭化垃圾收集系统。居民将垃圾从倾倒口置入垃圾道内，垃圾下落到底部垃圾容器间的垃圾出口，通过斜置管道滑入垃圾容器内，保洁员按照指定时间将垃圾桶送至路边的垃圾装车点，然后由垃圾车运至垃圾中转站或垃圾处理点。该系统多用于高层住宅区和多层住宅区。

44. 垃圾通道

为方便中高层建筑居民搬运生活垃圾而在建筑内设置的垃圾投放设施。居民只需将垃圾搬运至通道投入口内，垃圾靠重力落入通道底层的垃圾间。但粗大垃圾需由居民自行送入底层垃圾间或附近的垃圾集装点。垃圾通道由投入口（倒口）、通道（圆形或矩形截面）、垃圾间（或大型接受容器）等组成。

45. 垃圾房收集系统

利用垃圾容器间为基本设施的密闭化垃圾收集体系。居民将垃圾送入垃圾房的垃圾桶内，保洁员按照指定时间将垃圾桶送至路边的垃圾装车点，然后由垃圾车运往垃圾中转站或垃圾处理点。该系统多用于高层住宅区和多层住宅区。

46. 气力抽吸式垃圾管道收集系统

利用真空涡轮机和垃圾输送管道为基本设备的密闭化垃圾收集方式。该系统的主要组成部分包括垃圾倾倒口、垃圾管道、垃圾通道阀、气力输送管道、机械中心和垃圾收集站。

47. 垃圾收集密度

单位土地面积上垃圾的收运质量。

48. 垃圾收集站

将分散收集的垃圾集中后由收集车清运出去的小型垃圾收集设施。垃圾收集站的服务半径一般不超过600m，直线距离不超过1000m，一般是由清洁工上门收集居民生活垃圾，用人力车送到收集站。收集站的设计规模按 $Q = Anq/1000$ 计算，其中：Q 为收集站日收集能力（t/d）；n 为服务区内实际服务人数（含固定人口和流动人口）；q 为服务区内人均垃圾排放量（kg/人·d），应按当地实测值选用，无实测值时，可取0.6～1.2；A 为生活垃圾产量变化系数，该系数要充分考虑到区域和季节等因素的变化影响，取值时应按当地实际资料采用，若无资料时，一般可采用0.8～1.8。收集站的设计收集垃圾能力一般不大于50 t/d。收集能力小于20 t/d 的一般不采用压缩式。一般大于5000人（或2000户）的封闭式小区宜单独设置收集站；小于5000人（或2000户）的封闭式小区可与相邻居住区联合设置收集站；成片区域采用收集站模式时，收集站设置数量应大于1座/平方千米。人口密集、垃圾产生量大的区域，每平方千米应设置2座。每个村庄都应设置收集站。收集站可设置为独立式或合建式，用地面积均需满足收集站用地面积标准要求。垃圾收集站可配置垃圾集装箱和垃圾压缩装置的压缩式生活垃圾收集站。

49. 垃圾压缩收集站

具有压缩功能的垃圾收集站。

50. 分拣中心（分选中心）

对垃圾进行人工或机械分类的场所。

51. 垃圾清扫保洁系统

对城市道路、街区、各类开放性广场等公共场所进行垃圾清扫和洒水除尘，保持市容环境整洁的作业系统。

52. 清扫保洁

对城市道路（包括广场、停车场等）和水面的全面清扫和为维护道路和水面整洁而进行的环境卫生保护工作的作业。

53. 道路清扫面积

对城市道路和公共场所进行清扫保洁的面积。

54. 道路机械化清扫面积

使用扫路车（机）、清洗车等机械清扫保洁的道路面积。

55. 机械化清扫率

机械化清扫保洁道路面积与清扫保洁道路总面积的比率。

56. 垃圾收运路线

收集车辆在车库、收集区域、中转站（或处理场）间的行驶路线，形成了一个往返车库的环游。将环游分解为三种类型的行程：从车库到收集区域到中转站（或处理场）的最初行程，从中转站到收集区域（或处理场）到中转站的中间行程，从中转站（或处理场）到车库的最终行程。

57. 垃圾的收运系统

垃圾收集运输和中转运输（不包括公共场所的清扫保洁）所组成的垃圾清运系统。它由三个阶段构成。第一阶段是从垃圾发生源到垃圾桶的过程，即搬运贮存。第二阶段是垃圾的清除，通常指垃圾的近距离运输，一般用清运车辆沿一定的路线收集清除容器和其他贮存设施中的垃圾，并运至垃圾转运站，有时也可就近直接送至垃圾处理厂和处置地。第三阶段为转运，特指垃圾的远途运输，即在转运站将垃圾装载至大容量运输工具上，运往远处的处理处置场。后两个阶段需要运用最优化技术，将垃圾根据垃圾源位置及垃圾性质分配到不同处理处置场，以使成本降到最低。

58. 垃圾运输

将垃圾从产生地运至垃圾转运站或垃圾处理处置场的过程。垃圾运输方式有车辆运输、船舶运输、管道输送等。其中，历史最长、应用最广泛的运输方式是车辆运输，而管道输送则是近年来发展起来的运输方式，在一些工业发达国家已部分实现实用化。

59. 车辆运输

使用各种类型的专用垃圾收集车与容器配合，从居民住宅点或街道将垃圾运到垃圾转运站或处理场的运输方式。采用车辆运输时，要充分考虑车辆与收集容器的匹配、装卸的机械化、车身的密封、对垃圾的压缩方式、转运站类型、收集运输路线及道路交通情况等。

60. 船舶运输

使用船舶将垃圾运到垃圾处理场的运输方式。它具有装载量大、动力消耗小、运输成本一般比车辆运输和管道运输低等优点。适用于水路交通方便地区垃圾的运输。

61. 管道输送

使用管道从居民住宅点或街道将垃圾运到垃圾转运站或处理场的运输方式。管道运输分为空气运送和水力运送两种类型。

62. 车辆装载效率

垃圾运输车装载垃圾的质量占空车质量的百分率。评价车辆装载效率时必须限定相同垃圾和相同车型。影响车辆装载效率的因素有垃圾的种类（成分、含水率、容重、尺寸等）、车厢的容积和形状、允许装载负荷、压缩方式、压缩比。

63. 压缩比

垃圾的自由容重 γ_f（kg/m^3）和垃圾压缩后容重 γ_P（kg/m^3）之比。即垃圾压缩比 $\xi=\gamma_f/\gamma_P$。

64. 压缩后容重

垃圾装载重量 W（kg）与垃圾车车厢容积 V（m^3）之比。即压缩后容重 $\gamma_P=W/V$。

65. 运输成本

运输垃圾企业单位运输工作量所分摊的运输支出，亦称单位运输成本。

66. 运输计划

垃圾运输过程的运转纲要。它主要包括收运频率、使用工具的选择和运输路线。制订运输计划时首先确定服务区的垃圾产量并通过收集点的分布将其分解为每个收集点的垃圾收集量，再依据居民的卫生要求确定收运频率和车辆收集方式（机械或人工装车），然后根据服务区内道路条件和所需的运输量确定车辆吨位和车辆台数，最终决定运输路线。

67. 收运频率

运输车运走收集点垃圾的频度。

68. 短途运输

采用垃圾收集车从收集点直接运送到垃圾处理场或中转站的垃圾运输方式。

69. 长途运输

采用垃圾收集车将垃圾收集后送到垃圾中转站，再由大型的垃圾运输车将垃圾运往垃圾处理场的垃圾运输方式。

70. 垃圾清运

生活垃圾从垃圾收集点到垃圾转运站或垃圾处理处置场的运输过程。按照生活垃圾清运操作模式分为拖曳容器系统、固定容器系统和地下管道系统。

71. 拖曳容器系统

将某集装点装满的垃圾连同容器一起运往垃圾转运站或垃圾处理处置场，卸空后再将空容器送回原处或下一个集装点的收集垃圾的方法。其中前者称为一般操作法，后者称为改良工作法。拖曳容器系统操作分为四个基本用时，即集装时间、运输时间、卸车时间和非收集时间。

72. 集装时间

垃圾收集车每次集装行程所需要的时间。它包括垃圾容器点之间行驶时间、满垃圾容器集装时间、卸空垃圾容器放回原处时间三部分。

73. 运输时间

垃圾收集车从集装点行驶至垃圾转运站或垃圾处理处置场所需要的时间，加上离开垃圾转运站或垃圾处理处置场驶回原处或下一个集装点的时间。它不包括停在垃圾转运站或垃圾处理处置场的时间。

74. 卸车时间

垃圾收集车在垃圾转运站或垃圾处理处置场逗留的时间，它包括垃圾收集车在垃圾转运站或垃圾处理处置场卸车时间和等待卸车的时间。

75. 非收集时间

在收集操作全过程中非生产性活动所花费的时间或没有正常工作的时间，即工作效率。常用符号 w（%）表示非收集时间占总工作时间百分数。非生产因子 w 变化范围为0.1~0.4，常用系数为0.15。

76. 固定容器系统

垃圾车到各容器集装点装载垃圾，容器倒空后固定在原地不动，车装满后运往垃圾转运站或垃圾处理处置场，在转运站或垃圾处理处置场卸空垃圾后再进行下一循环的收集垃圾的方法。分为机械操作和人工操作两种方式。

77. 地下管道系统

通过预先铺设好的管道系统，利用负压技术将生活垃圾抽送至中央垃圾收集站，再由压缩车运送至垃圾处置场的过程。该系统是一种自成体系的清运系统，是由倾卸垃圾的通道，通道阀输送管道，机械中心，收集转运站等组成的垃圾收运系统。

78. 自行搬运

由居民自行将其产生的生活垃圾从产生地点搬运至生活垃圾的公共贮存地点、集装点或垃圾收集车内的过程。

79. 收集人员搬运

由专门的生活垃圾收集人员将居民产生的生活垃圾从居民的家门口搬运到集装点或垃圾收集车内的过程。

80. 气力输送

在气动力的作用下，将垃圾通过管道进行输送的方法。

81. 车吨位

按运输车辆的额定装载重量进行统计的垃圾量。

82. 船吨位

按运输船舶的额定装载重量进行统计的垃圾量。

83. 实吨位

通过计量装置实际称重的垃圾量。

84. 垃圾车装载容重

在对垃圾进行装填作业时，由于人为的压实作用使垃圾容重增加，此时的容重即是垃圾车装载容重。

85. 垃圾收集车

用于收集和运输垃圾的车辆。即主要用来在街道、商业网点和居民生活区等场地收集和运输垃圾的车辆。由于垃圾收集方式在各地区有所不同，所使用的垃圾车的结构功能也有所不同。按照装车形式可分为前装式、后装式、侧装式、顶装式、集装箱直接上车式等类型；按照车辆垃圾载重量分为2t、5t、10t、15t、30t类型；按照装载容积分为$6m^3$、$10m^3$、$20m^3$等类型。在采用塑料袋或固定式垃圾箱收集垃圾的地区，只需使用自卸垃圾车，而对于采用活动垃圾桶收集垃圾的地区，则须使用带有垃圾桶提升倾倒装置的自卸垃圾车。

86. 桶式侧装垃圾车

车厢侧面装有垃圾提升、翻倒机构的自装卸垃圾车。该车车内侧装有液力驱动提升机构，提升配套的圆形垃圾桶，可将地面上$0.3m^3$容积的铁制垃圾桶提升至车厢顶部，由倒入口倾翻，将桶内垃圾倒空，然后复位至地面。倒入口有顶盖，随垃圾桶倾倒动作而启闭，能有效地防止灰尘飞扬。根据垃圾桶提升机构的构造不同，桶式侧装垃圾车又可分为液压门架式和液压机械手式两种。

87. 起重机吊起式垃圾车

在车身上装有随车起重机的容器式垃圾车。

88. 活动斗式收集车

用于移动容器收集法作业的垃圾收集车。这种收集车的车厢作为活动敞开式贮存容器，平时放置在垃圾收集点。由于车箱贴地且容量大，适合于贮存装载大件垃圾，也称多功能车。

89. 摆臂式垃圾车

有可回转的起重摆臂装备，车斗或集装垃圾悬吊在起重摆臂上，随起重摆臂回转、起落，实现垃圾自装自卸的专用自卸汽车。常用于国内中、小城市的垃圾收集和运输，通过全液压控制的摆臂机构实现车厢的吊装、吊卸和垃圾自卸，减轻了作业时环卫工人的劳动强度，与该车匹配的垃圾箱一般是顶部敞开式，为了避免运输中的垃圾飘散，一般用篷布将顶部盖住，这种垃圾车具有后倾自卸功能。一台摆臂式垃圾收集车可以配多个垃圾箱。垃圾箱还可以放入地坑内，具有垃圾转运站的功能。

90. 垃圾运输车

采用现成的汽车底盘进行改装而成的专用车。垃圾车的车厢容积及主要装置结构与收集地区的道路条件、垃圾收集方式和垃圾性质有很大关系。垃圾车可分为垃圾收集车和转运运输车两大类。转运运输车辆的容积一般是收集车辆的数倍。按照工作装置功能的不同，垃圾运输车可分为自卸垃圾车、自装卸垃圾车、自动填充压实式垃圾车和容器式垃圾车；按照工作装置的工作原理和结构特点的不同，垃圾运输车又可分为门架式垃圾车、机械手式垃圾车、侧装推板式垃圾车、旋板式垃圾车、压实板式垃圾车、转臂式垃圾车、卷臂式垃圾车和双臂起吊式垃圾车等。按照装料部位的不同，垃圾运输车分为顶装式垃圾车、侧装式垃圾车、前装式垃圾车和后装式垃圾车。

91. 垃圾转运车

将垃圾从转运站运往处理处置场所的车辆。该车只用来从事垃圾运输，不需配置垃圾收集装置。垃圾转运车的载重吨位为15～30t。为了提高运输效率，降低运输成本，保护环境，垃圾转运车一般均配备有相应的自行卸料、自行装载、自行填充压实和其他工作装置。

92. 自卸式垃圾车

有液压举升机构设备，能将车厢倾斜一定角度，垃圾依靠自重能自行卸下的专用自卸汽车。它是我国早期广泛采用的垃圾收集运输车，由于该车型未配备压缩装置，需要人工装料，劳动作业强度大，密封性能不好，目前在城市生活垃圾运输中已被淘汰，但在农村生活垃圾的运输中仍在使用。自卸垃圾车按其车厢的构造不同，又可分为敞开式自卸垃圾车、罩盖式自卸垃圾车和密封式自卸垃圾车。

93. 自装卸式垃圾车

以本车装置和动力配合自行将垃圾装入、转运和倾卸的专用自卸汽车。

94. 压缩式垃圾车

有液压举升机构和尾部填塞器装备，能将垃圾装入、压缩、转运和倾卸的专用自卸汽车。

95. 压缩式后装垃圾车

自带压缩机，加装挂桶翻转机构的垃圾车。它适于收集用垃圾袋投放的垃圾，也能收集垃圾桶中的垃圾。该车由于垃圾投入口位置较低，除便于垃圾桶的机械化翻倒外，还便于人工投料，可以防止垃圾和臭气外漏，并配有渗沥液收集装置，收集压缩过程中产生的污水，以待妥善处理。因此是一种理想的垃圾收集车，为世界各国广泛采用。

96. 车厢可卸式垃圾车

有液力装卸机构装备，能将专用的车厢拖吊车上或倾斜一定角度卸下垃圾，并能将车厢卸下，用于运输垃圾的专用自卸汽车。

97. 容器式垃圾车

车身装置有垃圾箱整体吊装设备的垃圾车。大部分容器式垃圾车的车厢本身就是活动的，小型车的车厢可放置在固定地点作为垃圾收集箱用，大型的车厢一般用作垃圾中转集装箱。容器式垃圾车由于带有垃圾箱提升起吊装置，不需另行配备垃圾箱起吊设备和设施，使用灵活方便，因此得到较为广泛的应用。

98. 集装箱式垃圾车

运载垃圾集装箱的垃圾运输车。

99. 人力三轮车和手推车

用于旧式居住区的垃圾收集工具。如小街小巷、公共场所、居民区的垃圾主要靠人力三轮车和手推车收集，然后运到附近的垃圾收集转运站。人力三轮车和手推车收集垃圾的优点是机动灵活、无噪声、车辆投资成本低，适合于小街小巷、胡同里弄收集垃圾；缺点是劳动强度大、速度慢、效率低，远不能满足我国城市建设发展的需要。为了减轻清洁工人的劳动强度，提高工作效率，目前我国已经开始使用电动人力三轮车和电动电瓶车。

100. 垃圾运输船

载运垃圾的专用船舶。

101. 集装式垃圾运输船

用于运载垃圾集装箱的船舶。

102. 垃圾收集船

收集垃圾的专用船舶。

103. 水面保洁船

用于清除水面漂浮垃圾的专用船舶。

104. 垃圾吊运船

用于在环卫船舶之间或环卫船舶与环卫码头之间转运垃圾的专用船舶。

105. 带式输送机

支承在托辊上的环状带在驱动轮的作用下，将垃圾连续输送的设备。

106. 链式输送机

由首尾相连的链条绕过若干链轮及传动机构等组成的，用来连续输送垃圾的设备。

107. 螺旋输送机

利用螺杆的螺旋叶片推送垃圾的设备。

108. 振动输送机

依靠装在振动机构上的盘或槽来移动垃圾的设备。

109. 气力输送机

利用具有一定速度和一定压差的气流来输送垃圾的设备。

110. 板式输送机

在一条循环链上装置一系列横板条的输送设备。

111. 往复刮板式输送机

装着铰接刮板的往复横梁，推动垃圾沿输送槽前进的设备。

112. 蟹爪式装载机

带有蟹爪抓斗的装载机。

113. 铲式装载机

一种装在轮子上，铲斗铰接在盘上，能铲起松散垃圾，将其举升并卸到机器后面的装载机。

114. 给料机

一种将垃圾输送进处理装置的短程输送机。有板式给料机、带式给料机、螺旋给料机、刮板给料机等。

115. 提升机

利用机械或气力将垃圾提升到较高位置的机械。

116. 斗式提升机

利用许多料斗在较陡斜面或垂直方向连续输送垃圾的输送设备。

117. 桥式起重机

吊升装置装在横跨起重机工作范围的桥式结构上的吊升机器。

118. 悬臂式起重机

具有伸出吊臂的起重机。

119. 悬臂式抓斗起重机

具有伸出吊臂及带有大抓斗的起重机。

120. 抓斗

由铰接的颚板构成的，依靠颚板的闭合和张开，以进行自动抓取废物的装置。

121. 压实（打包）压缩机

将垃圾压实成块并打包的设备。这种压缩机能够将垃圾压缩成高密度的垃圾块，工作压力比推入装箱机高，可以与大型转运车辆配合，车辆运输效率高。垃圾打包后便于装车和转运。

122. 转运

垃圾的远途运输，即在转运站将垃圾装载至大容器运输工具上，运往远处的处理处置场。

123. 垃圾转运站

将从各分散收集点较小的收集车清运的垃圾，转装到大型运输工具并将其远距离运输至垃圾处理利用设施或处置场的过程。一般为了减少垃圾清运过程的运输费用而在垃圾产地（或集中地点）至处理厂或垃圾填埋场之间所设的垃圾运输设施。

124. 转运站类型

垃圾转运站的各种样式。一般按装载方式及有无压实划分为直接倾卸装车转运站、直接倾卸压实装车转运站、贮存待装转运站、复合型转运站；按装卸料方法划分为高低货位方式转运站、平面传送方式转运站；按大型清运工具不同划分为公路转运站、铁路转运站、水路转运站；按结构形式分为集中储运站、预处理转运站等。

125. 直接倾卸装车转运站

垃圾收集车直接将垃圾倒进转运站内的大型清运车或集装箱内（不带压实装置）的转运站。该类转运站的优点是投资较低，装载方法简单，设备事故少。

126. 直接倾卸压实装车转运站

中转站内设有一台固定式压实机和敞口料箱，垃圾经压实机压实后直接推入大型清运工具的转运站。该类转运站优点是装载垃圾密度较大，能够有效降低运输费用，降低能耗。

127. 贮存待装转运站

垃圾运到转运站后，先卸到贮存槽内或平台上，再装到清运工具上的转运站。该类转运站优点是对城市垃圾的转运量的变化，特别是高峰期适应性好，即操作弹性好。缺点是需建大的平台来贮存垃圾，投资费用较高，而且易受装载机械设备事故影响。

128. 复合型转运站

设有直接倾卸设施和储存待装设施的垃圾转运站。垃圾既可直接由收集车卸载到拖挂车里运走，也可暂时存放在储料坑内，随后再由装载机装入拖挂车里转运。这种多用途的转运站比单一用途的更方便于垃圾转运。优点是操作比较灵活、对垃圾数量变化的适应性较强。

129. 高低货位方式转运站

利用地形高度差来装卸垃圾，也可用专门的液压台将卸料台升高或大型运输工具下降的转运站。

130. 平面传送方式转运站

利用传送带、抓斗车等辅助工具进行收集车的卸料和大型清运工具的装料，收集车和大型清运工具停在一个平面上的转运站。

131. 公路转运

一种利用汽车作为转运工具的转运方式。它是国内外采用最为普遍的转运方式，根据转运工艺的不同，可分为半挂转运车、液压式集装箱转运车和卷臂式转运车。由于集装箱密封好，不散发臭气和溢流污水，故用集装箱收集和转运垃圾是较理想的方法。公路转运站的设置数量和规模取决于收集车的类型、收集范围和垃圾转运量，一般每 10 ~ 15km^2设置一座转运站。

132. 水路转运

一种利用船舶作为运输工具的转运方式。一般在水系较发达的南方地区，生活垃圾在收集后运往码头，装上运输船，船运至离垃圾处置场较近的码头，利用卸料设备将垃圾进行由船上卸下，再用运输车辆或运输机械送到垃圾处置作业地进行处置的垃圾转运方式。如上海市的生活垃圾水陆联运系统。水路转运站设置要有供装卸垃圾、停泊运输船只以及其他必须展开作业所需的岸线。岸线长度应根据日垃圾装卸量、装卸生产率、船只吨位、河道状况等因素确定。即 $L = mq + L_{附}$，式中：L—水路转运站岸线长度，m；m—垃圾日装卸量，t；q—岸线折算系数，m/t；$L_{附}$—附加岸线长度，m。另外，还应有一定的陆上面积用以安排车道、大型装卸机械、仓贮、管理等项目的用地。所需陆上面积按岸线规定长度配置。一般规定每 1m 岸线配备不少于 40m^2的陆上面积。

133. 铁路转运

一种利用铁路作为运输工具的转运方式。一般在比较偏远，公路运输困难，但却有铁路线，且铁路附近有垃圾填埋场的地区应用的垃圾转运方式。有时，对于远距离输送大量垃圾来说，铁路转运垃圾也是比较有效的垃圾转运方式。当垃圾处理场距离市区路程大于50km时，可设置铁路转运站。此类转运站必须设置装卸垃圾的专用站台以及与铁路系统衔接的调度、通信、信号等系统。如果在专用装卸站台两侧均设一条铁道，那么站台的长度会减少一半，并可设置轻型机帮助进行列车调度作业。

134. 集中储运站

一种设施比较简单，垃圾不经过任何处理就迅速地转运出去的转运站。该类转运站投资少，转运速度快，作为小规模的垃圾转运应用较多。

135. 预处理转运站

通常配备有解毒、中和、脱水、破碎、压缩、分选等设施的转运站。该类转运站可以对垃圾进行分类和相应的预处理。

136. 转运站规模

生活垃圾转运站建设的大小的表示方式。一般转运站规模分为小型、中型和大型。转运站规模及主要用地指标如下表所示。

生活垃圾转运站建设规模分类（t/d）

类型		额定日转运能力	用地面积/m^2	与相邻建筑间隔/m	绿化隔离带宽度/m
大型	Ⅰ类	1000～3000	≤20000	≥50	≥20
	Ⅱ类	450～1000	15000～20000	≥30	≥15
中型	Ⅲ类	150～450	4000～15000	≥15	≥8

续 表

类型		额定日转运能力	用地面积/m²	与相邻建筑间隔/m	绿化隔离带宽度/m
小型	Ⅳ类	50 ~ 150	1000 ~ 4000	≥10	≥5
	Ⅴ类	<50	≤1000	≥8	≥3

注：1. 表内用地不含垃圾分类、资源回收等其他功能用地。2. 用地面积含转运站周边专门设置的绿化隔离带，但不含兼起绿化隔离作用的市政绿地和园林用地。3. 与相邻建筑间隔自转运站边界起计算。4. 对于邻近江河、湖泊、海洋和大型水面的城市生活垃圾转运码头，其陆上转运站用地指标可适当上浮。5. 以上规模类型Ⅱ、Ⅲ、Ⅳ含下限值不含上限值，Ⅰ类含上、下限值。6. 建设规模大于3000 t/d 的特大型转运站（除建筑面积和建设用地指标外）参照转运站有关要求Ⅰ类。

137. 转运站构成

转运站建设的组成。一般包括主体工程设施、配套工程设施以及生产管理和生活服务设施等构成。一般大、中型转运站应包含主体工程设施、配套工程设施以及生产管理和生活服务设施。小型转运站以主体工程设施为主，生产管理和生活服务设施应借助周边公共设施。

138. 选址

转运站场址的选择。一般选址应符合城市总体规划和环境卫生专业规划的要求；综合考虑服务区域、转运能力、运输距离、污染控制、配套条件等因素的影响；设在交通便利，易安排清运线路的地方；满足供水、供电、污水排放的要求。

139. 转运站不宜设地区

转运站不应设在的地区。一般有立交桥处或平交路口旁，邻近学校、餐饮店等群众日常生活聚集场所，大型商场、影剧院出入口等繁华地段。若必须选址于此类地段时，应对转运站进出通道的结构与形式进行优化或完善。在运距较远，且具备铁路运输或水路运输条件时，宜设置铁路或水路运输转运站（码头）。

140. 转运站的设计规模

在一定的时间和一定的服务区域内，以转运站设计接收垃圾量为基础，并综合城市区域特征和社会经济发展中的各种变化因素来确定的转运站规模。

转运站的设计接收垃圾量（服务区内垃圾收集量），应考虑垃圾排放季节波动性。一般转运站的设计规模为 $Q_D = K_s \cdot Q_c$，式中：Q_D—转运站设计规模（日转运量），t/d；Q_c—服务区垃圾收集量（年平均值），t/d；K_s—垃圾排放季节性波动系数，应按当地实测值选用，无实测值时，可取1.3～1.5。无实测值时，服务区垃圾收集量为 $Qc = \{n \cdot q/1000\}$，式中：n—服务区内实际服务人数；q—服务区内，人均垃圾排放量［kg/（人·d)］，应按当地实测值选用，无实测值时，可取0.8～1.2。

141. 若干转运单元设计规模

当转运站由若干转运单元组成时，各单元的设计规模及配套设备应与总规模相匹配。转运站总规模为 $Q_T = m \cdot Q_u$，$M = [Q_D/Q_u]$，式中：Q_T—由若干转运单元组成的转运站的总设计规模（日转运量），t/d；Q_u—单个转运单元的转运能力，t/d；m—转运单元的数量；［］—高斯取整函数符号；Q_D—转运站设计规模（日转运量），t/d。

142. 转运站服务半径与运距

转运站的服务范围和转运站与垃圾收集点之间的距离。一般采用人力方式进行垃圾收集时，收集服务半径宜为0.4km以内，最大不应超过1.0km；采用小型机动车进行垃圾收集时，收集服务半径宜为3.0km以内，最大不应超过5.0km。采用中型机动车进行垃圾收集运输时，可根据实际情况扩大服务半径。当垃圾处理设施距垃圾收集服务区平均运距大于30km且垃圾收集量足够时，应设置大型转运站，必要时宜设置二级转运站（系统）。

143. 生活垃圾转运量

生活垃圾转运站转运垃圾的能力。一般表示为“t/d”。即 $Q=\delta nq/1000$，式中：Q—转运站生活垃圾的日转运量（t/d）；n—服务区域内居住人口数；q—服务区域内生活垃圾人均日产量（ks/人·d），按当地实际资料采用，若无资料时，一般可取0.8 ~1.8kg/人·d；δ—生活垃圾产量变化系数，按当地实际资料采用，若无资料时，一般可取1.3 ~1.4。

144. 转运站配套运输车数

转运站配套运输车的数量。即为 $n_v=[(\eta\cdot Q)/(n_T\cdot q_v)]$，$Q=m\cdot Q_U$，式中：$n_v$—配备的运输车辆数量；$\eta$—运输车备用系数，取 $\eta=1.1\sim1.3$。若转运站配置了同型号规格的运输车辆时，η 可取下限值；Q—转运站生活垃圾的日转运量，t/d；n_T—运输车日转运次数；q_v—运输车实际载运能力，t；m—转运单元数；Q_U—单个转运单元的转运能力，t/d。

145. 转运容器数量

对于装载容器与运输车辆可分离的转运单元所设计的装载容器数量。即 $n_c=m+n_v-1$，式中：n_c—转运容器数量；m—转运单元数；n_v—配备的运输车辆数量。

146. 卸料台数量

垃圾转运站每天清运垃圾所需的卸料平台的数量。即 $A = E/(WF)$，式中：A—转运站卸料平台数量；E—转运站每天转运垃圾量，t/d；W—清运车的载重量，t/辆；F—卸料台每天接收清运车数量，辆/d。

147. 卸料台工作量

转运站每天卸料台接纳垃圾清运车的数量。即 $F = t_1/(t_2 k_1)$，式中：F—卸料台每天接收清运车数量，辆/d；t_1—转运站每天的工作时间，min/d；t_2——辆清运车的卸料时间，min/辆；k_1—清运车到达的时间误差系数。

148. 垃圾转运临界费用

垃圾转运站设计时的建设和运行的总费用。一般该费用要求等于或低于垃圾直接运输的费用。

垃圾处理篇

1. 垃圾生物处理

利用自然界中广泛存在的微生物，对垃圾进行生物处理，实现垃圾的稳定化、无害化和资源化的技术。

2. 垃圾堆肥化

在人工控制条件下，利用自然界中广泛存在的细菌、放线菌、真菌等微生物，人为地促进可生物降解的垃圾向稳定的腐殖质转化的微生物学过程。根据微生物的生长环境，垃圾堆肥化可以分为好氧堆肥和厌氧堆肥两种。通常所说的垃圾堆肥化是指好氧堆肥。

3. 堆肥

利用微生物对有机垃圾进行分解腐熟而形成的肥料。它是堆肥化的产物，也可以说是人工腐殖质。

4. 腐殖质

有机物经微生物分解转化形成的胶体物质，一般为黑色或暗棕色，是土壤有机质的主要组成部分（50%～65%）。腐殖质主要由碳、氢、氧、氮、硫、磷等营养元素组成，其主要种类有胡敏酸和富里酸（也称富丽酸）。腐殖质具有适度的黏结性，能够使黏土疏松，砂土黏结，是形成团粒结构的良好胶结剂。

5. 混合堆肥

将不同组分的废物按一定的碳氮比例（C：N）混合，协同堆肥的一种堆肥方式。

6. 垃圾粪便堆肥化

将垃圾与粪便混合进行堆肥。

7. 垃圾污泥堆肥化

将垃圾与污泥混合进行堆肥。

8. 堆肥原料

城市生活垃圾和其他可作为堆肥原料的垃圾。该垃圾是适于制造堆肥的可降解有机物质。

9. 可堆肥物质

在堆肥化过程中能被微生物降解的物质。

10. 不可堆肥物质

在堆肥过程中不能被微生物降解的物质。

11. 堆肥基质

提供微生物群落生命活动所需的碳源和能量的物质。

12. 堆肥制品

可作为产品出售的堆肥产物。堆肥制品必须符合现行国家标准《城镇垃圾农用控制标准》的规定。堆肥制品可按用途分别制成初级堆肥、腐熟堆肥和专用堆肥等不同品级。堆肥制品出厂前，应存放在有一定规模的、具有良好通风条件和防止淋雨的设施内。

13. 堆肥制品质量标准

对堆肥制品的质量要求。一般农用堆肥产品粒度不大于12mm，山林果园用堆肥产品粒度不大于50mm；含水率35%；pH值：6.5~8.5；全氮（以N计）0.5%；全磷（以P_2O_5计）0.3%；全钾（以K_2O计）1.0%；有机质（以全C计）10%。

14. 堆肥制品重金属标准

对堆肥制品中的重金属质量要求。一般总镉（以Cd计）≤3mg/kg，总汞（以Hg计）≤5mg/kg，总铅（以Pb计）≤100mg/kg，总铬（以Cr计）≤300mg/kg，总砷（以As计）≤30mg/kg。

15. 总碳

反映堆肥制品中有机物含量的指标。堆肥中有机物含量越高，持水性和吸收NH_4^+的能力越强。国内堆肥有机物含量相当于土壤中有机物含量的4倍，总碳含量大多在11%左右，接近国外额定值（12%~20%）的低限。

16. 堆肥效用

具有改土、培肥、促进农作物生长和增加农作物产量的综合能力的统称。

17. 好氧堆肥

在有氧状态下，好氧微生物对有机垃圾分解转化的过程，最终产物主要是H_2O、CO_2、热量和腐殖质。具体反应式为：有机物质+好氧菌+氧气+水→CO_2+水（蒸汽）+硝酸盐+硫酸盐+氧化物。

18. 厌氧堆肥

在无氧或缺氧条件下，主要利用厌氧微生物对垃圾进行堆肥的方法。一般厌氧微生物对垃圾中的有机物进行分解转化的最终产物主要是二氧化碳、甲烷、热量和腐殖质。

19. 接种剂

能加速垃圾堆肥化进程的微生物活体制剂。它是接种于培养基或其他基质的活微生物细胞。在沼气发酵池启动运行时，应加入足够的厌氧菌（特别是产甲烷微生物）作为接种剂，产甲烷速率很大，一般情况下，第 6 天所产沼气中的甲烷含量可达 50% 以上，第 33 天甲烷含量达到 72% 左右。

20. 调理剂

由一种或者几种高效降解微生物组成，在堆肥的过程中能够起到加快降解速度，缩短堆肥时间，抑制臭味产生的制品。堆肥调理剂也叫堆肥接种剂。

21. 腐熟度

反映堆肥化过程稳定化程度的指标。即堆肥中的有机质经过矿化、腐殖化，最后达到稳定的状态指标。它既含有堆肥原料经过微生物的作用，堆肥产品最后达到稳定化和无害化，对环境不会产生不良影响；又包括堆肥产品有利于提高土壤肥力和促进植物生长的含义。对堆肥产品的直观判定标准是堆肥产品已经不再进行激烈的分解反应。合格的堆肥产品为温度较低，没有恶臭气味、呈茶褐色或黑色、手感松软的松散固体物料。由于堆肥的腐熟度评价是一个很复杂的问题，迄今为止，还未形成一个完整的评价指标体系。评价指标一般可分为物理学指标、化学指标、生物学指标以及工艺指标。

22. 添加剂

能促进堆肥原料中有机物质分解并提高产气量的物质。添加剂的种类很多，如一些酶类、无机盐等。在消化液中添加少量的硫酸锌、磷矿粉、炼钢渣、磷酸钙、炉灰等，均可不同程度地提高产气量、甲烷回流以及有机物的分解率，其中以添加磷矿粉效果为最佳。

23. 抑制剂

抑制厌氧消化微生物的生命活动，从而阻止发酵过程顺利进行的物质。如很多盐类，特别是金属离子，在适当的浓度时能激发发酵过程，当浓度超过一定数值后，会对发酵过程产生强烈的抑制作用；氨态氮（NH_3-N）浓度过高时，对甲烷菌有抑制和杀伤作用。

24. 熟化

堆肥原料经过高温发酵后，在微生物作用下继续降解并达到稳定的过程。

25. 大肠菌值

被测物平均多少样品（容积或重量）中能查出一个大肠菌的计量方法。它是反映水、土壤、蔬菜等受粪便污染程度的一个指标。

26. 大肠菌指数

单位容积（L）或单位重量（g）样品所含大肠菌的数量。

它是反映水、土壤、蔬菜等直接或间接地受人、畜粪便污染程度的一个指标。

27. 堆肥周期

堆肥原料完成堆肥化所需的时间。

28. 堆肥厂

按照国家现行堆肥处理标准进行设计、建设和管理的堆肥场所。

29. 堆肥厂的建设规模

堆肥厂建设的处理能力。一般按照额定日处理能力分为四类，即Ⅰ类 300 ~ 600 t/d、Ⅱ类 150 ~ 300 t/d、Ⅲ类 50 ~ 150 t/d、Ⅳ类≤50 t/d。且建设规模分类Ⅰ、Ⅱ、Ⅲ类额定日处理能力含上限值，不含下限值。

30. 堆肥原料进仓要求

垃圾堆肥原料的规定。一般含水率为 40% ~ 60%；有机物含量不低于 20%；碳氮比（C/N）为 20∶1 ~ 30∶1；密度一般为 350 ~ 650 kg/m^3；重金属含量指标应符合现行国家标准《城镇垃圾农用控制标准》的规定。

31. 禁止堆肥原料

不允许进行堆肥的原料。一般包括有毒工业制品及其残弃、有毒试剂和药品、有化学反应并产生有害物质的物品、有腐蚀性或放射性的物质、易燃、易爆等危险品、生物危险品和医院垃圾、其他严重污染环境的物质。

32. 堆肥厂选址

堆肥厂建设场所的选择。一般选址应符合城市总体规划、环境卫生专业规划、环境保护规划以及国家现行有关标准的要求；具备满足工程建设的工程地质条件、水文地质条件和气象条件；统筹考虑服务区域，结合已建或拟建的垃圾处理设施，合理布局；并利于实现综合处理；综合考虑对周围环境及交通运输的影响、充分利用已有基础设施，并有利于减少工程建设投资；堆肥处理工程项目与居民区的卫生防护距离应按环境影响评价批复执行。

33. 堆肥处理工程总图布置

堆肥厂堆肥处理的总体设计。一般总图布置应符合生产工艺技术要求；按功能分区设置，做到分区合理，人流、物流通畅，作业管理方便；主要生产设施与辅助生产设施应综合考虑地形、风向、使用功能及安全等因素，宜采取相对集中布置。生产区宜与管理区分开布置。

34. 堆肥厂作业区环境

堆肥厂内的作业环境要求。一般作业区噪声应不大于85dB，超过标准时必须采取降噪声措施；作业区粉尘、有害气体（硫化氢、二氧化硫、氨气等）的允许浓度，应符合现行国家标准《工业企业设计卫生标准》的规定。对作业区产生粉尘的设施，应采取防尘、除尘措施。作业区必须有良好的通风条件。

35. 堆肥厂内外环境

堆肥厂边界区域内、外的环境要求。一般堆肥厂内外大气单项指标应符合现行国家标准《大气环境质量标准》中三级标准的规定；生活垃圾不宜在厂区内外场地任意裸卸，进厂垃圾卸料宜在进料内进行；厂内场地散落垃圾必须每日清扫；发酵设施应设有脱臭装置。厂内、外大气臭级不得超过3级；发酵设施必须有收集渗沥水的装置；渗沥水不应排放，而应在收集后和作业区冲洗污水一起进入补水蓄水池，作为物料调节用水；厂区内应采取灭蝇措施，并应设置蝇类密度监测点。

36. 作业区环境监测

堆肥厂内的作业环境监测要求。一般应每季度进行一次，内容包括噪声、粉尘、有害气体（硫化氢、二氧化硫、氨气）、细菌总数（空气）；作业区噪声检测应符合现行国家标准《工业企业噪声测量规范》的规定；作业区生产性粉尘浓度检测应符合现行国家标准《作业场所空气中粉尘测定方法》的规定。

37. 堆肥厂环境质量监测要求

堆肥厂边界区域内、外作业环境监测要求。一般应每季度进行一次，内容包括大气中单项指标（二氧化碳、氮氧化物、一氧化碳）、飘尘（总悬浮微粒）、地面水水质、噪声、蝇类密度和臭级。大气飘尘浓度检测应符合国家现行标准《大气飘尘浓度测定方法》的规定；蝇类密度测定方法可采用捕蝇笼诱捕法，测定应在6—11月进行，每月2~3次；臭级测定应符合现行国家标准《城市生活垃圾卫生填埋技术标准》的规定，测定应在6—11月进行，每月进行2~3次。

38. 堆肥制品无害化卫生指标

堆肥制品的无害化卫生程度的表示方法。一般有堆肥温度（静态堆肥工艺）>55℃，持续5天以上，蛔虫卵死亡率95%～100%，粪大肠菌值10^{-1}～10^{-2}。

39. 堆肥的卫生学性质

堆肥过程中涉及有关人类健康的指标要求。它主要以大肠菌值、蛔虫卵死亡率、苍蝇卵死亡度来描述。

40. 热解

利用垃圾中有机物的热不稳定性，在无氧或者缺氧的条件下对之进行加热蒸馏，使有机物产生热裂解，经冷凝后形成各种新的气体、液体和固体，从中提取燃料油、油脂和燃料气的过程。

41. 气化

在热解反应器中通入部分空气、氧或蒸气，使有机固体物料部分燃烧以提供热解反应所需热量，从而使有机物加热分解的热化学过程。

42. RDF（Refuse Derived Fuel）

作为燃料被利用的垃圾的简称。RDF 分为散状 RDF、干燥成型的 RDF 和经化学处理的 RDF。

43. 垃圾焚烧（焚烧）

对垃圾进行的一种高温热处理过程。即将垃圾作为固体燃料送入炉膛内燃烧，在850℃～1100℃的高温条件下，垃圾中的可燃组分与空气中的氧进行剧烈的化学反应，释放出热量并转化为高温的燃烧气和少量性质稳定的固定残渣的过程。垃圾焚烧的优点是垃圾减量减容效果好（焚烧后的残渣体积可减少90%左右，重量减少80%以上）、物质和能量回收、去毒作用等，因而土地资源较为紧张、经济实力较强、垃圾热值较高、管理能力具备的现代化大城市均可采用。垃圾焚烧缺点是费用昂贵、操作复杂、严格；要求工作人员技术水平高；产生二次污染物，如二氧化硫、氮氧化物、硫化氢、二噁英和垃圾飞灰等。

44. 焚烧标准状态

温度在273.16 K，压力在101.325kPa时的气体状态。本标准规定的各项污染物的排放限值，均指在标准状态下以11%氧（干空气）作为换算基准换算后的浓度。换算公式为：$c=10/(21-O_s)\times c_s$，式中：c—标准状态下被测污染物经换算后的浓度（mg/m^3）；O_s—排气中氧气的浓度（%）；c_s—标准状态下被测污染物的浓度（mg/m^3）。

45. 焚烧效果评价

评价垃圾焚烧效果好坏的方法。一般有目测法、热灼减量率法、二氧化碳法和有害有机物破坏去除率。

46. 目测法

用肉眼观测焚烧烟气的外观状态来判断垃圾焚烧效果的好坏方法。一般烟气越黑、气量越大，焚烧效果越差。

47. 热灼减量率

焚烧残渣经灼烧减少的质量占原焚烧残渣质量的百分数。它是衡量焚烧灰渣的无害化程度的重要指标，也是炉排机械负荷设计的主要指标之一。可燃物氧化、焚烧越彻底，焚烧灰渣中残留可燃成分就越少，热灼减量率就越小。目前，焚烧炉设计时的灰渣热灼减量值一般在5%以下。大型连续运行的焚烧炉要求在3%以下。

48. 热灼减率

焚烧炉渣经灼烧减少的质量的百分数。其计算方法如下：$P=(A-B)/A\times100\%$ 式中：P—热灼减率,%；A—焚烧炉渣经110℃干燥2h后冷却至室温的质量，g；B—焚烧炉渣经600℃（±25℃）灼烧3h后冷却至室温的质量，g。

49. 二氧化碳法（焚烧效率）（CE）

用烟道出口的排气中所含的二氧化碳与二氧化碳及一氧化碳总和的百分比表示垃圾中可燃物质在焚烧过程中的氧化和焚烧程度的方法，也称焚烧效率。二氧化碳相对浓度越高，垃圾焚烧越完全，焚烧效率越高，用公式表示为：$CE=[CO_2]/([CO_2]+[CO])\times100\%$，式中：$CE$—焚烧效率；$[CO_2]$和$[CO]$—分别为燃烧后烟道气中$CO_2$和CO的浓度。

50. 有害有机物破坏去除率（焚毁去除率）（DRE）

焚烧过程中有害有机物减少的质量占固体废物所含有害有机物质量的百分数。焚烧越彻底，烟气、灰渣中有害有机物含量越少，用公式表示为：$DRE=(m_{in}+m_{out})\times100\%/m_{in}$，式中：$m_{in}$—进入焚烧炉的有害有机物的质量或浓度；$m_{out}$—焚烧炉排出的有害有机物的质量或浓度。

51. 垃圾热值（或发热值）

单位质量的垃圾完全燃烧，并使反应产物温度回到参加反应物质的起始温度时能放出的热量，一般用 kJ/kg 或 kcal/kg 表示。它是判断垃圾能否选用焚烧处理工艺、分析垃圾燃烧性能、计算焚烧炉的能量平衡及估算辅助燃料所需量、设计焚烧设备、选用焚烧处理工艺的重要依据。垃圾热值与垃圾含水率、有机物含量、成分等关系密切，通常有机物含量越高，热值越高；含水率越高，热值越低。垃圾的热值又分为高位热值、低位热值和干基热值。

52. 垃圾高位热值

单位质量的垃圾完全燃烧后，燃烧产物中的水分冷凝为0℃的液态水时所放出的热量。

53. 垃圾低位热值

单位质量的垃圾完全燃烧时，当燃烧产物回复到反应前垃圾所处温度、压力状态，并扣除其中水分汽化吸热后放出的热量。根据经验，当城市垃圾的低热值大于约 4000 kJ/kg（约 950 kcal/kg）时，垃圾燃烧过程无须加助燃剂，易于实现自燃烧。

54. 焚烧残渣

在垃圾焚烧过程中产生的炉渣、漏渣、锅炉灰和飞灰的总称。

55. 垃圾焚烧炉渣（底灰）

垃圾焚烧后会产生约占垃圾焚烧前总量 20% ~30%（质量分数）以固体形式存在的从焚烧炉炉床排出的残余物质，又称底灰。炉渣中一方面含有重金属、未燃物、盐分等，处置不当，会对环境产生严重影响；另一方面，还含有一定数量的铁、铝等金属物质，有回收利用价值，故炉渣既有污染性，又有资源性。

56. 锅炉灰

焚烧尾气中悬浮颗粒被锅炉管阻挡而掉落于集灰斗或黏附于锅炉管上，再被吹灰器吹落，从余热锅炉下部排出的固态物质。锅炉灰可单独收集，或并入飞灰一起收集。

57. 飞灰

由烟气净化系统和热回收利用系统排出的细微颗粒，约占灰渣总量的20%。一般是旋风除尘器、静电除尘器或布袋除尘器所收集的中和反应物（如 $CaCl_2$、$CaSO_4$ 等）及未完全反应的碱剂 [如 $Ca(OH)_2$]。

58. 烟气污染物

生活垃圾焚烧过程中所产生的烟气。烟气组成为颗粒物（粉尘）、酸性气体、重金属、有机剧毒类等，主要成分为氮气、氧气、二氧化碳和水蒸气。

59. 颗粒污染物

垃圾焚烧气体带出的颗粒物和不完全燃烧形成的灰分颗粒。包括粉尘和烟雾。

60. 酸性污染物

垃圾焚烧产生的酸性污染物。它主要由氯化氢（HCl）、氟化氢（HF）、硫氧化物（SO_X）、氮氧化物（NO_X）、一氧化碳（CO）等组成。

61. 粉尘

垃圾焚烧过程产生的粒径一般在1～200mm范围内的悬浮于气体介质中的微小无机固体颗粒。它主要包括被燃烧空气和烟气吹起的小颗粒灰分；未被燃烧的碳等可燃物；因高温而挥发的盐类和重金属等在烟气冷却净化处理过程中又凝缩或发生化学反应而产生的物质，即惰性金属盐类、金属氧化物或不完全燃烧物质等。粉尘的产生量及粉尘的组分与城市生活垃圾的性质和燃烧方法、燃烧设备有直接关系，一般用PM表示。

62. 有害粉尘

对人体有害的微小颗粒。当空气中浓度超过1.75×10^8粒子/m^3时，将会导致肺部损伤。

63. 垃圾烟气中重金属

焚烧烟气中所含有的相对密度在4.5以上的金属的统称。它主要包括汞及其化合物（Hg和Hg^{2+}）、铅及其化合物（Pb和Pb^{2+}）、镉及其化合物（Cd和Cd^{2+}）、其他重金属及其化合物（Hg、Pb、Cr、Cu、Mg、Zn、Ca等和非金属As及其化合物）。

64. 二噁英类

多氯代二苯并－对－二噁英（$PCDD_S$）、多氯代二苯并呋喃（$PCDF_S$）等化学物质的总称。二噁英类由1个或2个氧原子连接2个被氯取代的苯环，1个氧原子的称为多氯代二苯并呋喃（$PCDF_S$），2个氧原子的称为多氯代二苯并－对－二噁英（$PCDD_S$），每一个苯环上可以取代1～4个氯原子。

65. 焚烧厂规模

垃圾焚烧厂每天处理垃圾的能力。一般用“t/d”表示。焚烧厂规模分为四类，即特大类垃圾焚烧厂：全厂总焚烧能力2000 t/d以上；Ⅰ类垃圾焚烧厂：全厂总焚烧能力介于1200～2000 t/d（含1200 t/d）；Ⅱ类垃圾焚烧厂：全厂总焚烧能力介于600～1200 t/d（含600 t/d）；Ⅲ类垃圾焚烧厂：全厂总焚烧能力介于150～600 t/d（含150 t/d）。

66. 厂址

垃圾焚烧厂建立的场所。

67. 厂址规划

垃圾焚烧厂选址时应满足或符合的规划要求。一般应符合城乡总体规划和环境卫生专业规划要求，并应通过环境影响评价的认定；应综合考虑垃圾焚烧厂的服务区域、服务区的垃圾转运能力、运输距离、预留发展等因素及发展规划要求；应选择在生态资源、地面水系、机场、文化遗址、风景区等敏感目标少的非规划用地的区域。

68. 厂址选择区域

垃圾焚烧厂选址时应满足或符合的区域。一般有满足工程建设的工程地质条件和水文地质条件，厂址与服务区之间应有良好的道路交通条件；厂址选择时，应同时确定灰渣处理与处置的场所；厂址应有满足生产、生活的供水水源和污水排放条件；厂址附近应有必需的电力供应。对于利用垃圾焚烧热能发电的垃圾焚烧厂，其电能应易于接入地区电力网；对于利用垃圾焚烧热能供热的垃圾焚烧厂，厂址的选择应考虑热用户分布、供热管网的技术可行性和经济性等因素。

69. 厂址非选区域

垃圾焚烧厂选址不宜选择的区域。如不应选在发震断层、滑坡、泥石流、沼泽、流砂及采矿陷落区等地区；不应受洪水、潮水或内涝的威胁；必须建在该地区时，应有可靠的防洪、排涝措施。其防洪标准应符合国家现行标准《防洪标准》（GB 50201）的有关规定。

70. 焚烧厂总平面布置

焚烧厂的总体平面布置。具体要求有以垃圾焚烧厂房为主体进行布置，其他各项设施应按垃圾处理流程及各组成部分的特点，结合地形、风向、用地条件，按功能分区合理布置，并应考虑厂区的立面和整体效果；油库、油泵房的设置应符合现行国家标准《汽车加油加气站设计与施工规范》（GB 50156）中的有关规定；燃气系统应符合现行国家标准《城镇燃气设计规范》（GB 50028）中的有关规定；地磅房应设在垃圾焚烧厂内物流出入口处，并应有良好的通视条件，与出入口围墙的距离应大于一辆最长车的长度且宜为直通式；总平面布置应有利于减少垃圾运输和处理过程中的恶臭、粉尘、噪声、污水等对周围环境的影响，防止各设施间的交叉污染；厂区各种管线应合理布置、统筹安排，且应符合各专业管线技术规范的要求。

71. 焚烧热能利用

配置余热锅炉将垃圾焚烧炉中的高温烟气的热量回收，以获得一定的压力和温度的热水或蒸汽，用于供热或发电，实现生活垃圾化学能向热能或电能高效转换的过程。余热锅炉主要有烟道式余热锅炉、炉和锅一体式余热锅炉。

72. 焚烧厂恶臭

垃圾焚烧过程中，未完全燃烧的有机物散发的臭味。一般该臭味多为有机硫化物或氮化物，它们刺激人的嗅觉器官，引起人们厌恶或不愉快，有些物质亦可损害人体健康。垃圾焚烧厂恶臭气体有氨、硫化氢、甲硫醇等，臭气浓度厂界排放限值根据生活垃圾焚烧厂所在区域，分别按照《恶臭污染物排放标准》（GB 14554—93）相应级别的指标值执行。

73. 恶臭防治

焚烧厂内恶臭防治的方法。一般有在二次燃烧室中利用辅助燃料将温度提高到1000℃，使恶臭物直接燃烧；可利用催化剂在150℃～400℃下进行催化燃烧；也可用水或酸、碱溶液吸收恶臭物质；用活性炭、分子筛等吸附剂来吸附废气中恶臭；用含有微生物的土粒、干鸡粪等多孔物作吸附剂，让微生物分解恶臭物质；将气体冷却，使恶臭物冷凝成液体而与气体分离等。

74. 焚烧厂综合评价

依据焚烧厂的工程建设评价和运行管理评价而进行的焚烧厂综合评价的方法。一般评价将根据焚烧厂的工程建设评价总分和运行管理评价总分和各自权重，按照综合评价分值＝工程建设评价总分×0.4＋运行管理评价总分×0.6的公式计算焚烧厂的综合评价分值。（式中0.4和0.6分别是工程建设和运行管理的权重系数。）

75. 焚烧厂综合评价等级

焚烧厂综合评价结果的表示方式。焚烧厂综合评价等级应按综合评价分值划分，并应符合以下规定：综合评价A级，综合评价分值≥85分；综合评价B级，70分≤综合评价分值<85分；综合评价C级，综合评价分值<70分。垃圾焚烧厂综合级别评价应每年评价一次，并根据评价结果核发无害化处理证书。

76. 焚烧厂的无害化水平认定等级

焚烧厂无害化水平认定结果的表示方式。对焚烧厂的无害化水平认定，应符合下列规定：A级，达到了无害化处理；B级，基本达到了无害化处理；C级，未达到无害化处理。

77. 填埋

利用屏障隔离方式，通过自然条件（生土或者深层岩石层）及人工方式（设置隔离层），将固体废物与自然环境有效隔离，避免固体废物中的有毒有害物质对周围环境造成危害的处理方法。目前，填埋是中国大多数城市解决生活垃圾出路的主要方法。按填埋对象和填埋场的主要功能，填埋可分为惰性填埋、卫生填埋和安全填埋；按生物降解原理，填埋可分为厌氧填埋、准好氧填埋和好氧填埋。

78. 惰性填埋

将已稳定的或腐熟化的固体废物置于填埋场，表面覆以土壤的一种填埋方法。在这种情况下，填埋场主要功能是贮存。

79. 卫生填埋

利用自然界的代谢机能，按照工程理论和土工标准，对垃圾进行土地处理和有效控制，寻求垃圾的无害化与稳定化的一种填埋方法。它是垃圾处理的最基本方法。

80. 安全填埋

一种改进和强化的卫生填埋方法。主要用来处理具有危险性的有害工业固体废物，即将危险废物填埋于抗压及双层复合防渗系统所构筑的空间内，并设有污染物渗漏检测系统及地下水监测装置，其主要处置对象是危险废物，在这种情况下，垃圾填埋场主要发挥其贮存、阻断和处理功能。

81. 厌氧填埋

垃圾中可降解物质在无外界空气或氧气供应状况下进行降解并达到稳定化的填埋方法。由于无须强制鼓风供氧，简化了填埋场结构和管道设备系统，降低了电耗，使投资和运营费大为减少，管理变得简单，同时不受气候条件、垃圾成分和填埋高度限制，适应性广。

82. 准好氧填埋

利用渗沥液收集系统末端与外界大气的畅通，利用自然通风，使空气通过渗沥液收集系统和导气系统向填埋层中流通，使得垃圾堆体处于准好氧状态的填埋方法。填埋层中的垃圾与空气接触，发生好氧降解，产生二氧化碳气体，气体经导气系统排出。随着垃圾堆体的堆填和压实，空气被上层垃圾和覆盖土屏蔽而无法继续深入下层，下层生成的气体穿过垃圾间的空隙，由导气系统排出。这样使得在堆体中形成了一定的负压，空气从开放的渗沥液收集系统排出口吸入，向堆体中扩散，由此扩大了好氧范围，促进有机物分解。但是，当垃圾层变厚以后，空气无法达到的堆体中心区域则成为厌氧状态。准好氧填埋在工程投资和运行成本费用上与厌氧填埋没有明显的差别，在有机物分解方面又不比好氧填埋逊色，因而得到普及。

83. 好氧填埋

在垃圾堆体内布设通风管网，用鼓风机向垃圾堆体内送入空气的填埋方法。该填埋垃圾堆体内有充足的氧气，使好氧分解加速，垃圾稳定化速度加快，堆体迅速沉降，反应过程中产生较高温度（60℃左右），使垃圾中大肠杆菌等得以消灭。由于通风加大了垃圾体的蒸发量，可部分甚至完全消除垃圾渗沥液，因此填埋底部只需作简单的防渗处理，不需布设收集渗沥液的管网系统。好氧填埋适应于干旱少雨地区的中小城市，且填埋有机物含量高，含水率低的生活垃圾。

84. 填埋场

采用填埋方法处置垃圾的场所。城市生活垃圾卫生填埋处理场或城市生活垃圾卫生填埋场也常简称为填埋场。按工程建设和运行的环保措施，填埋场可分为堆放填埋场、简易填埋场和卫生填埋场；按填埋场的构造，填埋场可分为自然衰减型填埋场、封闭型填埋场（全封闭型填埋场和半封闭型填埋场）；按填埋场的地质，填埋场可分为包容性填埋场、衰减性填埋场、快速迁移填埋场；按填埋场的地形，填埋场可分为平原型填埋场、山谷型填埋场、坡地型填埋场、滩涂型填埋场；按填埋场的反应机制，填埋场可分为好氧填埋场、厌氧填埋场、准好氧填埋场。

85. 堆放填埋场

利用自然形成或人工挖掘而成的坑穴、河道等可能利用的场地把垃圾集中堆放起来的填埋场。填埋场无场底防渗系统，也不采用任何措施防止垃圾堆体扩散与迁移造成的污染，填埋气体、垃圾渗沥液及其他污染物无序排放，垃圾表面也不作压实、覆盖处理。

86. 简易填埋场

没有什么工程措施，或仅有部分工程措施，谈不上执行什么环保标准的我国传统沿用的垃圾填埋的填埋场。目前，该种填埋对周围的环境造成严重污染，已被逐渐取缔和限制采用。

87. 卫生填埋场

按照国家现行卫生填埋标准进行设计、建设和管理的填埋场所。即采用防渗、摊铺、压实、覆盖对城市生活垃圾进行处理和对填埋气体、垃圾渗沥液、蝇虫等进行治理的填埋场。其主要处置对象是城市生活垃圾和一般工业固体废物。并具有垃圾贮存、垃圾阻断、垃圾处理和土地利用等功能。卫生填埋场主要包括垃圾填埋区、垃圾渗沥液处理区和生活垃圾管理区三部分，随着填埋场资源化建设总目标的实现，填埋场还将包括综合回收区。

88. 自然衰减型填埋场

不设防渗衬垫和渗沥液收集设施，可允许部分渗沥液渗入到地下黏土层，并向填埋场周围慢慢扩散，并借助渗沥液在垃圾层以及填埋场底部地层的非饱和区和饱和区内所发生的各种衰减作用，包括稀释、扩散等，使其逐步得到净化，从而减少对填埋场周围水域影响的填埋场。这类填埋场的主要设计指标是黏土不饱和区的最小厚度。

89. 全封闭型填埋场

从填埋场设计启用开始到填埋场结束封场整个过程中，利用地层结构的低渗透性或工程性密封系统，将垃圾与周围环境完全隔离开，减少渗沥液产生量，并对场区内渗沥液进行收集和处理，使垃圾填埋场对地下水及周围的环境污染降低到最低限度的填埋场。全封闭型填埋场的底部、边坡和顶部均需设置由黏土、人工衬垫等一种或几种防渗材料组合而成的防渗系统，并设有渗沥液的收集、导排和检查系统。

90. 半封闭型填埋场

介于自然衰减型填埋场和全封闭型填埋场之间的填埋场。一般而言，半封闭型填埋场与外界隔绝的程度没有全封闭型填埋场程度高，处于“准封闭状态”。半封闭型填埋场的底部设有单密封系统、渗沥液收集和导排设施，但由于它的顶部密封没有严格采用防渗衬层，因此，仍可能有部分降水进入填埋作业区，以至扩散到周边环境。

91. 包容性填埋场

被滞水层包围的、周围是包容性场地的填埋场。该填埋场产生的渗沥液滞留其中，不会对地下水造成污染。

92. 衰减性填埋场

被渗透率低的地层所包围的填埋场。填埋场中形成的渗沥液迁移速度很慢，当其到达地下水位时，已经得到很大程度的稀释，进入地下水时对水质的影响较小。填埋场底部与地下水位之间的距离越长，稀释程度越高。

93. 快速迁移填埋场

被渗透率高的地层包围的填埋场，渗沥液在没有经充分稀释之前，就进入地下水系。

94. 平原型填埋场

在平原地带建设的填埋场。该填埋场适用于地形平坦且地下水埋藏较浅的区域，场底有较厚的土层，可以吸纳一定量的污水，可保护地下水；有较充足的覆盖土源，使填埋垃圾能够及时得到覆盖；工程施工比较容易，投资省；容易进行水平防渗处理；容易进行分单元填埋和填埋作业期间的雨污水分流，有利于减小渗沥液的产生量；平原地带需要占用耕地，征地费较高；平原地带的填埋场一般需要堆高，外围不易形成屏障，填埋场对周围环境易造成影响等特点。北京的阿苏卫填埋场、保定市西康庄垃圾卫生填埋场等属于这一类型。

95. 山谷型填埋场

利用山谷地势填埋垃圾的填埋场。该填埋场一般利用地势较为开阔的山谷地带，三面环山，利用在开口处筑坝，形成初始库容，采用逆流填埋作业法，逐层、逐单元向高空发展，适合于山区和城市采用。并具有对周围的环境影响较小；不占用耕地，征地费用小；容易实施垂直防渗，而水平防渗较困难；山谷一般汇水面积较大，地表雨水渗透量大，雨水截流较困难；底部浅层地下水出露，易受污染；底部及侧面一般土层较薄，对防止地下水污染不利；管理较困难，不容易实现分单元填埋和填埋作业期间的雨污水分流等特点。杭州市天子岭垃圾卫生填埋场、深圳市下坪垃圾卫生填埋场属于这一类型。

96. 坡地型填埋场

利用丘陵坡地填埋垃圾的填埋场。它适合于丘陵地区采用，具有较好的填埋场场底处理的要求，土方工程量小，易于渗沥液的导排和收集；一般不占用耕地，征地费较低；容易进行水平防渗处理；容易进行分单元填埋和填埋作业期间的雨污水分流，有利于减小渗沥液的产生量；地下水位一般较深，有利于防止地下水污染；填埋场外汇水面积小，渗沥液产生量少等特点。海口市颜春岭垃圾卫生填埋场、北海市白水塘垃圾卫生填埋场属于这一类型。

97. 滩涂型填埋场

在海边滩涂地上填埋垃圾的填埋场。它适合于沿海城市采用。并且滩涂地一般处于城市的地下水和地表水流向的下游，不会对城市的用水造成污染；滩涂型填埋场的污水可以利用湿地处理，可以减小污水处理场的投资费用和运行费用；容易进行水平防渗处理；容易进行分单元填埋和填埋作业期间的雨污水分流，有利于减小渗沥液的产生量；滩涂填埋场一般地下水位较浅，对防止地下水污染不利；滩涂地地耐力一般较小，场底往往需做加固处理等。上海市老港垃圾填埋场属于这一类型。

98. 好氧填埋场

用鼓风机直接向填埋场中鼓风的填埋场。这种填埋场需要动力，运行费用高。具有垃圾分解速度快、填埋场稳定化时间短，并能够产生60℃左右的高温，有利于灭杀垃圾中的致病细菌、减少渗沥液的产生和对地下水的污染等优点。但由于其结构复杂、施工困难、造价高，且无法回收填埋气体，目前尚未得到大范围的推广应用。

99. 厌氧填埋场

空气无法进入填埋场内部，在填埋体内部形成厌氧状态的填埋场。厌氧填埋从垃圾填埋开始到填埋物稳定需要一个很长的时间，故厌氧填埋一般只在地域宽阔、填埋场地无须再恢复利用的国家较多采用，同时可收集甲烷气体进行能源利用。它具有结构简单、操作方便、施工费用低，并可回收填埋气体作为能源等特点，故厌氧填埋场已成为目前世界上应用最为广泛的填埋场。但是，对旧的填埋场和部分无填埋气体收集系统的新建填埋场，会存在填埋气体的散逸污染空气，破坏大气臭氧层等问题。

100. 准好氧填埋场

改良型的厌氧性填埋场。即不需鼓风设备，只需增大排气排水管径，扩大排水和导气空间，使排气管与渗沥液收集管相通，使得排气和进气形成循环，并在填埋地表层、集水管附近、立渠和排气设施附近形成好氧状态，从而扩大填埋层的好氧区域，促进有机物分解。但在空气接近不了的填埋层中央部分仍处于厌氧状态。在厌氧状态区域，部分有机物被分解，还原成硫化氢，垃圾中含有的镉、汞、铅等重金属离子与硫化氢反应，生成不溶于水的硫化物，存留在填埋层中。

101. 生物反应器填埋场

通过有目的的控制手段强化微生物作用的过程，从而加速垃圾中易降解和中等易降解有机组分的转化和稳定的一种垃圾卫生填埋场。该填埋场控制手段包括液体（水、渗沥液）注入、备选覆盖层设计、营养添加、pH 值调节、温度调节和供氧等。与传统卫生填埋场的本质不同在于其生物降解过程是加以控制的。一个填埋单元就是一个小型的“可控生物反应器”。许多这样的填埋单元构成的填埋场就是一个大型生物反应器。它具有生物降解速度快，稳定化时间短，填埋气产量高、收集完全，一般无须复杂的渗沥液处理设施等特点。

102. 直接准入进场的垃圾

直接进入生活垃圾填埋场填埋的垃圾。具体包括由环境卫生机构收集或者自行收集的混合生活垃圾，以及企事业单位产生的办公废物；生活垃圾焚烧炉渣（不包括焚烧飞灰）；生活垃圾堆肥处理产生的固态残余物；服装加工、食品加工以及其他城市生活服务行业产生的性质与生活垃圾相近的一般工业固体废物。

103. 准入进场的感染性废物

《医疗废物分类目录》中的感染性废物经过下列方式处理后可以进入生活垃圾填埋场进行填埋处置的废物。具体废物有按照 HJ/T 228 要求进行破碎毁形和化学消毒处理，并满足消毒效果检验指标；按照 HJ/T 229 要求进行破碎毁形和微波消毒处理，并满足消毒效果检验指标；按照 HJ/T 276 要求进行破碎毁形和高温蒸汽处理，并满足处理效果检验指标；医疗废物焚烧处置后的残渣的入场标准按照第6.3条执行等。该类废物在生活垃圾填埋场应单独分区填埋。

104. 准入进场的飞灰和残渣

生活垃圾焚烧飞灰和医疗废物焚烧残渣（包括飞灰、底渣）经处理后满足一定条件后，可以进入生活垃圾填埋场填埋处置的废物。具体满足条件有含水率小于30%；二噁英含量低于3μgTEQ/kg；按照HJ/T 300制备的浸出液中危害成分浓度低于规定的限值。该类废物在生活垃圾填埋场应单独分区填埋。

105. 准入进场的工业固体废物

一般工业固体废物经处理后，按照HJ/T 300制备的浸出液中危害成分浓度低于表中规定的限值，可以进入生活垃圾填埋场填埋处置的废物。该类废物在生活垃圾填埋场应单独分区填埋。

浸出液污染物浓度限值

污染物项目	浓度限值（mg/L）
汞	0.05
铜	40
锌	100
铅	0.25
镉	0.15
铍	0.02
钡	25

续 表

污染物项目	浓度限值（mg/L）
镍	0.5
砷	0.3
总镉	4.5
六价铬	1.5
硒	0.1

106. 准入进场的其他废物

厌氧产沼等生物处理后的固态残余物、粪便经处理后的固态残余物和生活污水处理厂污泥经处理后含水率小于60%，可以进入生活垃圾填埋场填埋处置的废物。

107. 不准入进场的废物

不得在生活垃圾填埋场中填埋处置的废物。如未经处理的餐饮废物、未经处理的粪便、禽畜养殖废物、电子废物及其处理处置残余物、为安全处置的危险废物及除本填埋场产生的渗沥液之外的任何液态废物和废水（国家环境保护标准另有规定的除外）等。

108. 填埋场使用年限

填埋场从填入垃圾开始至填埋垃圾封场的时间。填埋场的设计规模必须根据填埋年限而定。从理论上讲，填埋场使用年限越长越好，但考虑填埋场的经济性、填埋场地形的可能性以及填埋场终场利用的可行性，填埋场使用年限的确定必须在选址和填埋场封场后的利用时就进行考虑。根据填埋量、场址条件综合确定的填埋场使用的年限，一般应在10年以上，特殊情况下不应低于8年。具体计算公式为：$Y=(Q-V)\cdot\frac{R_1\cdot C}{365\cdot Q_1}$，式中：$Y$—填埋场使用年限，a；$Q$—垃圾填埋库容量，$m^3$；$V$—覆土量，$m^3$；$R_1$—垃圾平均密度，$t/m^3$；$C$—垃圾压实沉降系数，$C=1.0\sim1.8$；365—日历年天数，d；$Q_1$—日处理垃圾量，t/d。

109. 建设规模

根据服务区域人口、生活垃圾产生量、场址自然条件、地形地貌特征、服务年限及技术、经济合理性及发展等综合因素确定的填埋场的建设规模。填埋场建设规模分类如下表所示。

填埋场建设规模分类

类型	日填埋量（t/d）
Ⅰ类	1200以上
Ⅱ类	500~1200
Ⅲ类	200~500
Ⅳ类	200以下

注：以上规模分类含下限值，不含上限值。

110. 选址

填埋场场址的确定。一般选址应符合城市总体规划、环境卫生专业规划和当地的城市规划及相关规划，以及现行国家标准规范的规定。应综合考虑地理位置、地形、地貌、水文地质、工程地质等条件对周围环境、工程建设投资、运行成本和运输费用的影响，经过多方案比选后确定。具体填埋场选址应符合下列要求：环境保护的要求；应充分利用天然地形以增大填埋容量，使用年限应达到相关要求；交通方便，运距合理；征地费用较低，施工较方便；人口密度较低、土地利用价值较低；位于夏季主导风下风向，具体环境保护距离应根据环境影响评价报告结论确定；远离水源，尽量设在地下水流向的下游地区；相关的标准和规范对场址所做出的要求。选址应由建设项目所在地的建设、规划、环保、环卫、国土资源、水利、卫生监督等有关部门和专业设计单位的有关专业技术人员参加。

111. 垃圾渗沥液

垃圾在堆放和填埋过程中由于压实、发酵等物理化学作用，同时在降水和其他外部来水的渗流作用下产生的含有机或无机成分的液体。它是含溶解性和悬浮性污染物的一种高浓度废水。垃圾渗沥液的污染控制是填埋场设计、运行和封场的关键性问题。其组成有机物，常以COD、TOC、BOD_5等测定方法来计量，一些含量低但危害大的有机组分如酚等常单独计量。

112. 填埋气体

填埋的垃圾在微生物的作用下发生生物降解过程中产生的多种气体组成的混合物。填埋气体一般可分为主要气体和微量气体两个部分。主要气体包括甲烷（45%～60%）和二氧化碳(40%～60%)；微量气体包括少量的氮（2%～5%)、氨(0.1%～1%)、硫化物(<1%)、氢（<0.2%)、一氧化碳(<0.2%)、饱和水蒸气及非烷烃有机物（NMOCS，0.01%～0.6%)，如三氯乙烯、苯、氯乙烯等，其中最主要的是甲烷和二氧化碳气体；微量气体为挥发性有机化合物（VOC，0.01%～0.6%）等。

113. 卫生填埋场环境监测

运用化学、物理学、生物学、环境毒理学和环境流行病学等方法对环境中污染物的性质、浓度、影响范围及其后果进行的调查和测定。它是填埋场管理的重要组成部分，是确保填埋场正常运行和进行环境评价的重要手段。根据《生活垃圾填埋污染控制标准》(GB 16889—2008)、《生活垃圾卫生填埋场环境监测技术要求》（CB/T 18772—2008)、《城市生活垃圾卫生填埋技术规范》（CJJ 17—2004）要求，填埋场环境监测包括垃圾渗沥液、填埋场外排水监测、填埋气体、地表水、地下水、大气、填埋垃圾、堆体沉降、苍蝇密度、最终覆盖的稳定性等方面的监测。

114. 渗沥液监测

对填埋场渗沥液进行的监测。它包括场内渗沥液监测和处理后渗沥液排放监测。填埋场内渗沥液监测是随时监测填埋场内渗沥液的液位，并定期采样进行分析。处理后渗沥液的监测是对填埋场处理好并排放出去的渗沥液进行分析和监测。渗沥液监测项目及监测方法如下表所示。

渗沥液监测项目及测定方法

项目	分析方法	方法来源
悬浮物	重量法	GB/T 11901
化学需氧量	重铬酸盐法	GB/T 11914
五日生化需氧量	稀释与接种法	GB/T 7488

续 表

项目	分析方法	方法来源
氨氮	纳氏试剂比色法	GB/T 7479
	蒸馏和滴定法	GB/T 7478
大肠菌值	多管发酵法	GB/T 7959
		a

注：a 采用《水和废水监测分析方法》（第四版），北京：中国环境科学出版社，2002 年。

115. 填埋气体监测

对填埋场排气系统排出的气体进行的监测。通过测定填埋气体的排气量和气体成分，掌握填埋场内有机物质的降解情况。填埋气体监测对卫生填埋场尤为重要。监测项目及方法如下表所示。

监测项目及方法

项目	分析方法	方法来源
甲烷	气相色谱分析法	a
二氧化碳	气相色谱分析法	GB/T 18204. 24
氧气	气相色谱分析法	a
硫化氢	气相色谱法	GB/T 14678
氨	次氯酸钠－水杨酸分光光度法	GB/T 14679

注：a 采用《气象和大气环境要素观测与分析》，北京：中国标准出版社，2002 年。

116. 蝇类监测

填埋场场区内蝇类分布规律的监测。一般重点监测苍蝇分布规律，为填埋场苍蝇防治提供科学依据。